青藏高原树木年轮生态学研究

张齐兵　方欧娅　吕利新　著

科学出版社
北　京

内 容 简 介

本书介绍了青藏高原树木年轮生态学最新研究进展，是作者长期从事该领域研究的系统归纳。全书共分 8 章，第 1、2 章为绪论和研究方法，是树木年轮生态学的基础；第 3～7 章分别介绍了青藏高原树木生态弹性、森林衰退、高山林线、古树年龄及其他树木年轮生态学问题的最新研究进展；第 8 章对青藏高原树木年轮生态学的未来重点研究方向提出了建议。

本书可供树木年轮学、全球变化生态学、青藏高原森林生态学与气候学等领域科研人员和高校师生，以及青藏高原森林保护和生态建设的管理人员参考。

图书在版编目 (CIP) 数据

青藏高原树木年轮生态学研究/张齐兵，方欧娅，吕利新著. —北京：科学出版社, 2019.10

ISBN 978-7-03-062181-8

Ⅰ. ①青… Ⅱ.①张… ②方… ③吕… Ⅲ. ①青藏高原-森林生态学-年轮-研究 Ⅳ. ①S718.5

中国版本图书馆 CIP 数据核字(2019)第 182432 号

责任编辑：李 迪 / 责任校对：郑金红
责任印制：吴兆东 / 封面设计：刘新新

科学出版社出版
北京东黄城根北街 16 号
邮政编码：100717
http://www.sciencep.com

北京九州迅驰传媒文化有限公司印刷
科学出版社发行 各地新华书店经销
*
2019 年 10 月第 一 版 开本：720×1000 1/16
2020 年 5 月第三次印刷 印张：8
字数：161 000

定价：128.00 元

(如有印装质量问题，我社负责调换)

序

“欲知大道，必先为史”，人类想要预知未来的环境状况，就需要首先了解环境状况的历史。树木年轮（简称“树轮”）数据具有空间分布广、时间序列长、分辨率高、定年准确且复本量大的特征，近 100 多年来，在古气候与古生态研究中发挥了重要的作用。

我国的树轮年代学自 20 世纪 70 年代开始以来，在古气候重建领域取得了丰硕的成果。在青藏高原柴达木盆地周边建立的祁连圆柏树轮宽度序列，从最初的近千年长度一直延伸到现在的 4000 多年；树轮年代学研究的指标也从仅树轮宽度一项到增加了密度、稳定性同位素及重金属元素等多项；除古气候变化研究外，在考古鉴定、冰川进退判断、地震滑坡灾害、森林火灾等方面的研究也取得了优异的成绩。

张齐兵研究员带领的树木年轮研究团队专注于研究青藏高原的树轮年代学，自 2001 年以来每年赴青藏高原进行野外考察和树轮样本采集工作，2004 年进入中国科学院植物研究所后率领团队一直致力于高原树木年轮生态学研究，在树轮生态学研究方法、树木生态弹性、森林衰退历史及高山林线等多方面取得了丰硕的成果。方欧娅博士自 2016 年从中国科学院地理科学与资源研究所博士毕业到中国科学院植物研究所后开展了高原森林退化与树木生态弹性的研究，近年来取得了显著成果。吕利新博士自 2006 年开始从事全球气候变化与高原林线的研究，获得了大量的林线树轮数据，取得了可喜的成果。该书综合考虑了青藏高原树轮生态学的内容，结合自身研究优势，对树木生态学研究方法、树木生态弹性、森林衰退历史、高山林线等重要生态学问题进行了分章详述，从方法、数据，到研究结果、结论，体现出作者对青藏高原树轮生态学进行了较深的研究，在利用树轮资料研究森林生态问题方面起到了引领作用，为我国树木年轮生态学的发展做出了贡献。

这些年我与作者团队有着紧密的联系，我非常高兴看见这样一本有关青藏高原树轮生态学的综合性图书出版。该书对于将要学习树木年轮生态学的学生，对于想要了解青藏高原森林生态过程的科学工作者都是非常有用的。当然，每一门科学都在持续地发展和进步，我也期待作者团队及更多的研究学者在青藏高原树轮生态学的未来研究中取得更好的成绩。

邵雪梅

2019 年 4 月 8 日

前　言

20 世纪初，科研人员在利用树木年轮研究太阳黑子信号、气候变化、古遗址年代等方面的问题中，建立了不同树木之间年轮宽度序列的交叉定年技术，从而可以对每一树木年轮的形成年份给予准确定年。伴随该技术及相关原理的应用，树轮年代学作为一门学科得以创建。与此同时，基于对树木年轮与气候环境关系的分析，树木年轮生态学也相应产生。目前，国际上在树木生长对全球变化的响应、森林干扰历史、林线动态等树木年轮生态学领域取得了大量研究成果。

我国较早介绍树木年轮及其与气候关系的研究见于 1935 年郑子政发表在《气象杂志》的《探求古代气候之一途径——树木年轮之研究》。经过 20 世纪 70 年代和 80 年代的早期探索研究后，我国科研人员在树木年轮气候学领域的研究开始快速发展，对生态学问题也逐渐开始关注。本书在结合相关研究报道的基础上，重点介绍作者研究团队自 2001 年开始在青藏高原进行的树木年轮生态学工作，以服务于本学科及其他有关学科的研究，并为相关部门的工作提供区域森林生态历史信息。

本书第 1 章简要介绍树木年轮生态学的研究背景、基本概念及其在青藏高原的研究意义和概况。第 2 章介绍树木年轮生态学研究的基本方法。第 3 章阐述树木生态弹性的概念与研究，并介绍青藏高原的树木生态弹性与生长适应性。第 4 章介绍森林衰退历史研究。第 5 章介绍高山林线树木年轮研究，包括海拔梯度上的树木生长、林线树木更新及位置移动。第 6 章介绍古树树龄鉴定方法与生长历史分析。第 7 章介绍青藏高原的树轮数据网络特征。第 8 章对树木年轮生态学未来研究方向提出展望。

感谢国家自然科学基金（重点项目 31330015）和中国科学院战略性先导科技专项“泛第三极环境变化与绿色丝绸之路建设”子课题“气候变化背景下生态系统脆弱性评估”（XDA20050101）对编著本书给予的经费支持。书中基础数据和分析结果来自作者过去与现在研究团队成员长期工作的积累，感谢团队成员黄建国、邱红岩、余桂荣、李宗善、王婷、王晓春、刘勇波、郭改爱、石春明、吕利新、张潮、邢佩、聂昌远、段建平、邓徐、梁寒雪、刘娟、李宝、汪舟、程雪寒、牟玉梅、蒲星、方欧娅、李艳、宋馥杉、张启和贾恒锋。

我国青藏高原的树木年轮生态学研究虽然取得了一些成绩，但尚有许多工作需要继续开展，并可扩展到我国其他地区。本书在写作过程中难免有不足之处，敬请读者指正。

张齐兵

2019 年 4 月 4 日

目　　录

图 目 录

表 目 录

第 1 章 绪　　论

1.1 研究背景

中国森林面积 2.08 亿 hm^2，森林覆盖率 21.63%，其中天然林占全国森林总面积的 55.36%（国家统计局和环境保护部，2017）。作为重要的陆地生态系统之一，森林具有巨大的社会、经济和生态效益，在调节气候、水土保持、防风固沙、保护生物多样性、提供资源和服务等多方面都发挥着重要的作用。在目前全球变暖和人类活动加剧的背景下，树木的生长速率、种间关系、物候和空间分布会发生变化，森林蓄积量、群落结构和功能等方面也相应地发生变化。为保证人类社会与经济的可持续发展，就需要准确评估全球气候变化和人类活动影响下的森林生态健康风险，以制定科学管理政策。

准确评估森林生态健康风险依赖于对森林生态过程和格局的认识程度。生态过程包括树木对气候及其他环境因子变化的响应和适应、树间竞争或互利、树木更新等过程；生态格局包括种群或群落结构、树木空间分布、景观格局等。这些生态过程和格局的形成大多跨越较长的时间尺度。通过现代观测记录和实验方法仅可以获得短时间尺度的生态学知识，而全面认识森林生态过程和格局需要获得更长时间尺度的相关数据。

森林中的树木可以生长数百年甚至上千年，见证了森林生态过程和格局形成的历史，并将相关信息记录在每一年的树木年轮（简称“树轮”）之中。通过分析树轮与环境变化的关系，可获得树木生长的生态过程信息，还可推测塑造森林生态格局的环境因子变化信息，包括气候、森林火、虫害、环境污染等。因此，通过对树轮的研究，可加深对长时间尺度森林生态过程和格局的认识，有利于准确评估森林生态健康风险的发生条件、过程和结果。这种利用树轮来研究树木生长及其与环境关系的学科被称为树木年轮生态学（简称“树轮生态学”，dendroecology），它是古生态学研究的重要分支之一。

树木年轮的形成

树木茎干的韧皮部与木质部中间存在一圈形成层，其在生长季早期向内分裂形成的木质部细胞在分化时体积大、壁薄、颜色较浅，称为早材，在生长季末形成的细胞则体积小、壁厚、颜色较深，称为晚材。浅色早材和深色晚材合起来就是树木一年所形成的木材，即年轮（图 1-1）。

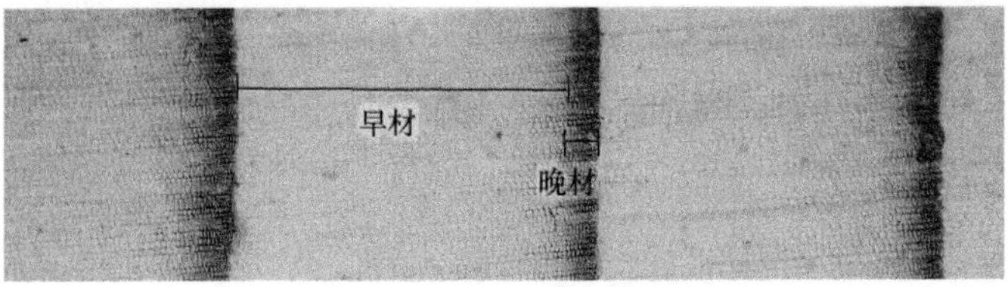

图 1-1 树木年轮早材和晚材

1.2 树木年轮生态学概念

树木年轮生态学是树轮年代学（dendrochronology）的一个分支学科。树轮年代学是基于对树轮形成的年份给以准确定年，并分析在时间维度上树轮变化的特征及环境原因（如气温、降水、森林火灾、虫害、人类活动等），进而研究相关气候及生态因子在树木生长时期的变化历史或确定某一事件发生年代的一门学科。树轮年代学的相关书籍见 Fritts（1976）、Cook 和 Kairiukstis（1990）、Schweingruber（1996）和 Speer（2010）。树轮年代学的核心是对树轮的形成年份进行准确定年。在此基础上，利用树轮数据对不同领域科学问题的研究形成树轮年代学的各分支学科，如研究过去气候变化的树轮气候学（dendroclimatology）、研究过去水文条件变化的树轮水文学（dendrohydrology）、研究过去地貌变化的树轮地貌学（dendrogeomorphology）、研究过去冰川变化的树轮冰川学（dendroglaciology）、研究过去森林虫害历史的树轮虫害学（dendroentomology）、研究过去森林火灾历史的树轮火灾学（dendropyrochronology）、研究过去环境污染或土壤中植物营养元素变化的树轮化学（dendrochemistry）、研究古迹年代鉴定的树轮考古学（dendroarchaeology）等。广义的树轮生态学涵盖从树轮中获取各种环境信息（包括气候、水文、地貌、冰川等）的研究（Schweingruber，1996），而狭义的树轮生态学专注于回答树木生长的生态过程与格局问题，包括树木生长对自然干扰的响应与弹性、树木生长与生境因子的关系、森林结构的形成与维持等。本书所论述的树轮生态学着重介绍树木生长的生态过程与格局研究。

树木年轮生态学主要包含以下 4 方面的应用。

第一，树木年轮的形成年份可通过对树轮宽度序列的交叉定年而精确确定，并进而获得各年份的树轮密度及化学元素等信息，这些信息可直观地说明树木自身在过去的生长轨迹，可应用于鉴定树木生长释放、抑制、衰退、生长弹性、生理过程等特征。

第二，树木径向生长是各种环境因子综合作用的结果，因而利用树轮数据可分析树木生长与各环境因子的关系。

第三，树木通常具有较长的寿命，利用森林群落树轮数据及树轮所包含的环境信息可研究不同时间尺度的森林生态过程（如树间竞争、互利、森林动态、自然干扰发生的频率、强度变化等）。

第四，树木具有较广的空间分布，利用大范围的树轮网络数据库可研究不同空间尺度的生态格局（如种群与群落结构、生境空间异质性、景观格局等）。

1.3　青藏高原树木年轮生态学研究

青藏高原位于我国西南部，平均海拔超过4000m，被誉为“世界屋脊”“第三极”。其东接黄土高原、秦岭山脉和横断山脉，西抵帕米尔高原和喀喇昆仑山脉，南起喜马拉雅山南部边缘，北至祁连山、阿尔金山、昆仑山北部边缘。高原东西横跨31个经度，长约2800km，南北纵贯13个纬度，宽达1500km，总面积约$2.50\times10^6km^2$（张镱锂等，2002）。巨大的高原存在地形和热力效应，使得西风发生绕流，南亚季风强度受到调控，从而影响了多地区的气候条件（Immerzeel et al.，2010；Duan et al.，2012）；同时高原对全球气候变化敏感，是全球变暖的指示区（Yao et al.，2012）。

青藏高原是我国重要的生态安全屏障和战略资源储备基地。高原上有着丰富的水资源，是中国重要的两条母亲河的发源地，同时发育了多条内陆河及外流河，故而也被称为“亚洲水塔”。高原上的森林类型主要包括常绿阔叶林、落叶阔叶林、山地松林、亚高山暗针叶林、高山灌丛等。这些森林在水源涵养、土壤保持、生物多样性保护和森林生态系统服务价值等方面具有重要服务功能（钟祥浩等，2008）。我国在1973～1976年组织了对青藏高原的首次综合科学考察工作，并在2017年启动了第二次综合科学考察，更加强调了多学科综合集成研究及与全球环境变化相联系的研究。高原上有着独特的动植物种类，保护其栖息地生态稳定对于维护高寒生物多样性具有重要意义。

分布在青藏高原的森林受到人类活动的影响相对较小，有大片树龄较大的成熟林，对气候变化和自然干扰响应敏感，树木年轮生态学是研究高寒生态过程和格局的重要方法。过去的研究已经在青藏高原多地区建立了较长时间段的树轮宽度（如Shao et al.，2009；Yang et al.，2014a）、密度（如Duan et al.，2017；Li et al.，2018b）及稳定同位素（如Grießinger et al.，2011；Qin et al.，2015）年表，开展了大量的过去气候重建工作（如Shao et al.，2010；Gou et al.，2015；Zhang et al.，2015；Duan et al.，2017；Yang et al.，2017b）。在树轮生态学领域，开展了树木生态弹性（如Fang and Zhang，2019）、森林衰退与死亡（如Liang et al.，2016a；

Fang et al.，2018；Mou et al.，2018）、高山林线动态（如 Liang et al.，2012，2016b；Lyu et al.，2016a，2019）、海拔梯度上树木生长比较（如 Esper et al.，2016；Lyu et al.，2016b，2017），以及树木维管形成层活动（如 He et al.，2016；Liang et al.，2016c；Ren et al.，2018）等研究。这些研究已产生了树轮数据的空间网络，为进一步研究森林生长的时空特征奠定了基础。

第 2 章　树木年轮生态学研究方法

研究树轮生态学，首先需要确定待回答的具体问题是什么，然后才是围绕该目的设计针对性的树轮样本选择与采集方案、测量指标、去除树木生长趋势及制作树轮年表。因此，研究方法没有固定不变的程序，而是随着待回答的具体问题不同而变化。即使针对同一科学问题，不同研究者也可从不同角度设计不同的研究方法。本章仅介绍树轮生态学研究中一些共性环节中涉及的基本方法，面向某些具体问题而设计的针对性研究方法详见第 3～6 章。

2.1　树木年轮样本的选择与采集

2.1.1　样点、树种、个体的选择

一项工作的研究区域一般是明确的，但对于样点、树种、树木个体的选择则随着具体研究问题而不同。例如，研究高山林线在全球气候变化下的位置移动问题时，样点要选择在受气候而非地形影响的林线地区，林线树种可选择林线地区主要树种，个体则需要设置样方选择其中的所有树木进行采样记录。研究火干扰对树木的影响问题时，样点要选择在发生过火灾的森林，树种要选择火烧树种研究直接影响，或包括非火烧树种研究间接影响，个体也是既可选择过火树研究直接影响，又可同时包括非过火树做对比研究。研究虫害对树木的影响问题时，样点要选择在发生过虫害的森林，树种则既要选择虫食树种，又要选择非虫食树种以作为对照来甄别虫害的影响，个体选择根据研究目的而设计：如果仅研究林地虫害暴发时间的历史，则针对性选择寄宿和非寄宿树种的个体，如果还研究虫害对森林的影响，则需要样方设置或随机选取树木个体。无论研究任何此类相关问题，一个通用的方法是尽可能选择有较大年龄树的样点、树种和个体，再就是选择的树木对所研究问题具有较高的敏感性，这样能够提供树轮生态学研究所需要的较长时间尺度且较强信号的树轮数据。

设计针对性的样点、树种、个体选择方案，需要了解树轮生态学所依赖的基本概念和原理。第一，树木生长遵循“谢尔福德耐受性定律”（Shelford’s law of tolerance），即树木的生理机能在生态因子的一定范围内发生作用，超过该范围将会被抑制（Shelford，1931）。美国生态学家 Odum（1973）对耐受性原理进行了补充，提出同种生物对不同生态因子的耐受性范围不同，不同生物对同种生态因

子的耐受性范围也不同，另外，同一生物在不同生长发育阶段对生态因子的耐受性范围不同。每一树种对每一环境因子都有一个耐受范围，即生态幅（ecological amplitude）（图 2-1）。树种的分布在环境梯度上具有最适生长区、生长适宜区和胁迫区，从而在多个生态因子空间上形成独特的生态位，在地理上体现为中心区到边缘区的分布变化特征（Brown，1984；Sexton et al.，2009）。因此，采样方案设计就需要了解所研究树种的生态习性和地理分布。例如，有的树种具有较广的地理分布范围，那么就要考虑在树种分布的中心区或边缘区选择样点是否受到区域气候条件对所研究生态问题的影响。

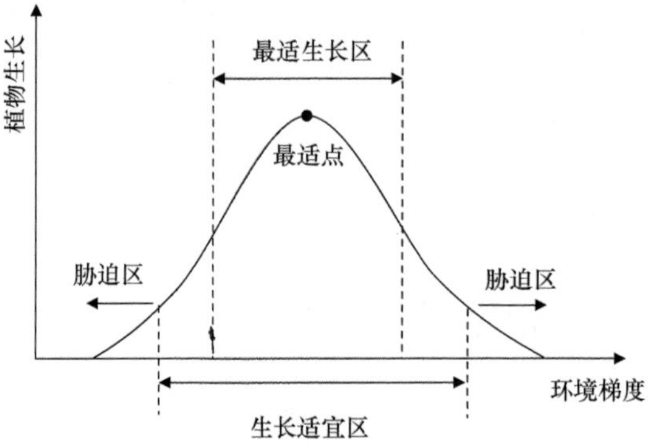

图 2-1　生态幅示意图

第二，树木生长遵循限制因子定律，就是树木生长虽然受到诸多环境因子的影响，但决定其生长极限的是某一限制因子（Blackman，1905；Fritts，1976）。德国农业化学家 Liebig（1840）在研究多种营养元素对植物生长的影响时，发现植物的生长取决于那些处于最少量状态的营养元素，该发现被称为 Liebig 最小因子定律。因此，在设计采样方案时，就要考虑树木年轮中的限制因子信号可否对研究的问题进行回答。

2.1.2　样本的采集

树轮样本主要包括圆盘和树芯两种形式。圆盘样本包含了树木在各个方向的径向生长信息，对研究特定生态学问题（如森林火灾历史）是理想的树轮样本，但在实践中这类样本通常不易获得。更多的情况下是利用树木生长锥进行树芯样本的采集，该方法常被认为会对树木生长造成伤害，我们认为这是一种误解。首先，所采集的树芯样本中绝大部分木质部细胞均不再有生理活动，活细胞仅是木质部外紧贴树皮的、面积仅约 0.2cm^2 的薄薄一层形成层；其次，树干内部为对称解剖结构且具有愈伤组织，细细的树芯对庞大树干结构功能的影响微乎其微；再次，相对于自然因素（如大风、虫害等）对树木的损害，生长锥采样所造成的伤害非常微小；最后，使用生长锥采样在国际上已得到广泛认可和实践，并没有发现该方法给树木生长带来不利影响。

生长锥是树木年轮研究中采集树芯样本的常用工具，主要包含 3 部分：锥柄、锥管（钻头）及掏匙。常用的生长锥锥管长度为 40cm、50cm 或 60cm，内径为 4.35mm 或 5.15mm。

树芯样本的采集需要注意以下几个方面。

1）采样高度：通常是从胸高位置钻取，主要是为了钻取时方便使用力量。在野外某些情形下，方便的采样高度并不在树木胸高处，这时需要记录采样高度以备后期的数据分析时使用。例如，需要树的年龄信息时，采样高度信息需用在树龄估算中。又如，如果研究目的中特别需要树龄信息，这时可以选择尽量低的位置来采集树芯样本。

2）采样方向：树木在生长过程中，由于各个方向的环境影响并不完全一致，树干中的树轮并非理想的髓心在圆心的同心圆结构，因此，采样时需要选择方向以避免噪声信息。例如，当树木生长在山坡上时，如果希望树轮信息不受坡向影响，那么采集树芯时不在坡面的上下方采样，而是在平行于山坡走向方向采样。当树木生长在平地时，要考虑影响因素（如风、溪流等）的方向性从而回避非研究目标的影响。

3）采样数量：一棵树的树轮数据只能反映这棵树的生长历史，若要得到整个林地的生长历史，则需要足够复本量的树轮数据，复本量的多少依然取决于研究的具体问题。例如，若研究林线的位置移动问题，则需要考察林线过渡区的高差范围，如果高差较大，那么样方设置的面积（通常 30m×50m）也随之增大以包括更多的树木，且需要样方的重复（通常 3 个），反之，样方面积可以减小。如研究极端气候事件对森林生长的影响，则需要树轮数据所表达的总体信号强度（expressed population signal，EPS）大于 0.85（Wigley et al.，1984；Buras，2017）。这时，复本量的多少（通常为 30 棵）取决于树木个体间的树轮序列相关性程度，相关性高则复本量少，反之复本量多。与采样数量相关的另一个问题是一棵树需要采集几棵树芯，这依然取决于具体情况。如果树的缺失轮或伪轮情况不严重，那么在要求采集 30 棵树芯的条件下，最好选择 30 棵不同的树木个体进行采样，而不是每棵个体采 2 棵树芯共采集 15 棵个体，因为个体树的多少才代表真正独立的复本量。

EPS 是反映树轮样本总体信号表达强度的一个衡量指标，它与样本间树轮序列的相关性（$\bar{r}$）呈正比，与样本量（N）也呈正比（Briffa and Jones，1990）。通常当 EPS>0.85 时被认为所用样本复本量含有足够强的总体信号。

$$\text{EPS}=\frac{N\times\bar{r}}{N\times\bar{r}+\left(1-\bar{r}\right)}$$

N 为样本量，$\bar{r}$ 为平均序列相关性。

4）采样质量：使用生长锥采集树芯样本时，经常遇到树芯断裂、树干中空、生长锥被堵等情形而影响树芯的质量。为了获得高质量的树芯样本，需要注意以下几个方面。第一，及时清洁生长锥，通常在每天采样结束后需要用软布沾少量除锈剂对生长锥内外壁及钻头进行清洁，野外结束后更应该全面仔细清洁后再储藏保管。第二，若野外取得的树芯发生断裂，则需要小心将断裂片段按照顺序收集在树芯样管中，若断片太多且短，则该样本几乎无效而需重新钻取。第三，若遇到树干中空较严重使得所取样芯较短，则多数情况下该样芯为无效样本，需要换一个方向或换一棵树再重新采样。第四，若由于树干内部木质变异而发生堵钻，则应及时停止钻取，退出钻后用掏匙尽量掏出堵塞物，可配合用软木筷（筷头小于生长锥口径）从钻头前面轻推，或用口径小于生长锥内径的钢丝钻头从生长锥后面钻出堵塞物，切忌用铁器从钻头前面硬推堵塞物。第五，放置树芯的样管通常是定制的塑料管或自制的纸管，两端用纸胶带封起来，在样管上贴上纸胶带并标记样本编号，在野外采样时通常将采集到树芯的样管放在绘画筒中，回到车上后再将装有树芯的样管放置在有防震作用的样本箱中。

2.2 树木年轮的测量

2.2.1 树轮宽度

树轮宽度是树轮生态学最基本的测量指标，它是环境因子影响下一年中树木径向生长的综合表现。在测量前需将树芯样本固定在特制木槽中，固定时要注意将树木的横切面朝上，实际操作中是将样芯上易看到的两个反光面置于木槽凹槽两侧位置加以固定。若样芯存在扭曲变形，则应当利用水蒸气熏蒸逐渐扭动样芯到正常方位。对于断裂的样芯，需按照原有顺序排列放置。样芯在固定干燥后，依次使用粒级由粗到细的砂纸（常为 120～600 目）对样芯表面进行打磨，使得在显微镜下能够清晰地分辨细胞形状和大小。对于部分极为细窄的密集树轮或其他原因而不够清晰的树轮，则应用更高目数（800 目）的砂纸进行打磨，以保证能清晰地分辨树轮界线。

目前，常用的高精度树轮宽度测量仪有 Lintab 5 和 Lintab 6（RINNTECH，Heidelberg，German）系统，还有 Velmex（Velmex Inc.，Bloomfield，NY，USA）系统，测量精度可高达 0.001mm。通常选择从树皮方向往髓心方向测量，这样便于标记靠近树皮的最外一层树轮的形成年份。具体设置和测量方法可依照仪器说明书而掌握。

2.2.2　树轮密度

树轮密度是指树轮的单位体积质量，其大小主要与木质部细胞壁的生长及其所占的比例有关。相对于树轮宽度，树轮晚材密度的变化很少受到生长季前气候的影响，记录的环境信息通常更加明确，是反映树木功能特征的重要指标之一（Schweingruber et al.，1978；Hughes et al.，1982）。早期的树轮密度测量方法包括体积比重法（volumetric-gravimetric method）、光透视法（light transmission）、硬度测量法（hardness）、β 微粒法（β-particle）等（Parker and Henoch，1971；Hughes et al.，1982）。然而这些方法由于种种条件限制和误差而没有广泛地应用。20 世纪 60 年代，随着 X 射线技术的应用，树轮密度的测量得到了很好的发展（Polge，1966；Parker and Meleskie，1970；Lenz et al.，1976；Schweingruber et al.，1978；Hughes et al.，1982）。

树轮密度的 X 射线测量法需首先将树芯样本进行脱糖脱脂，然后用乳胶固定在带有木槽的支架上，再利用双刃锯将样本切成 1mm 厚的薄片，放于特制的样本框内用瑞士产的 DENDRO 2003 仪器或瑞典产的 Itrax Multiscanner 仪器进行 X 射线扫描，最后将扫描的树轮图像经过定量校正转化为树轮密度数据。通过这样的测量结果可获得树轮早材平均密度、晚材平均密度、整轮平均密度、早材最小密度及晚材最大密度等 5 组树轮密度数据。

2.2.3　树轮稳定性同位素

碳、氢、氧稳定性同位素是树轮生态学研究中重要的测量指标，这些稳定性同位素通过光合作用和树木内部生理生化过程被固定在木质部细胞壁中。与树轮宽度和树轮密度相比，树轮稳定性同位素可通过分析其分馏过程而获得影响树木生长的生理生态过程信息，是树轮宽度和密度研究的有效补充。例如，从碳稳定性同位素数据中可分析树木的水分利用效率变化，从氢和氧稳定性同位素数据中可分析水分来源（McCarroll and Loader，2004）。随着样品处理方法的改进和质谱技术的发展，树轮稳定性同位素研究近年来得到较大发展。

树轮稳定性同位素的测量包括以下几个步骤。第一，在双目显微镜下用刀片从树轮样本中剥离出每一树轮。第二，通过一系列物理化学过程提取样品中的 α 纤维素。第三，利用同位素质谱仪检测同位素含量。具体过程可参见 Schweingruber（1988）、Speer（2010）及林光辉（2013）所著书籍。

2.3 树木年轮的交叉定年

2.3.1 交叉定年原理

交叉定年是树木年轮学中最基本也最核心的技术，其原理是：在同一气候区内，同一树种的不同个体由于受到相同大气候的影响，尤其是极端逆境气候条件的影响，它们的树轮宽窄变化表现为一定的相似性。因此，通过比较树木不同个体的年轮宽窄变化，特别是极窄年份特征，能够排除测量误差并鉴定伪年轮（图 2-2）和丢失年轮（图 2-3），使得更正年份后的树轮序列可以按年份一一对应起来，从而给每棵树的每个年轮确定其准确的生长年份。

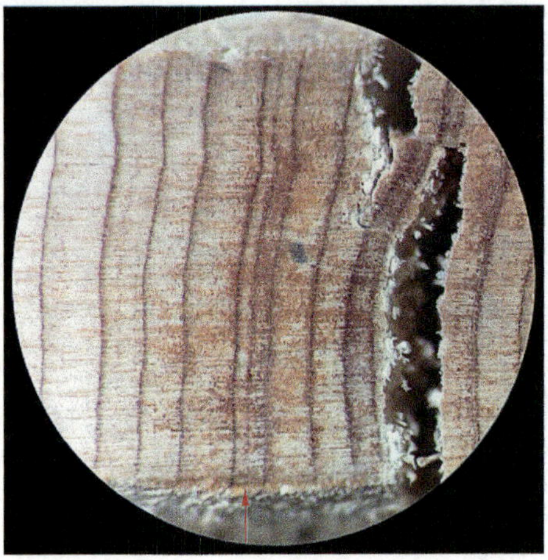

图 2-2　树木伪年轮图

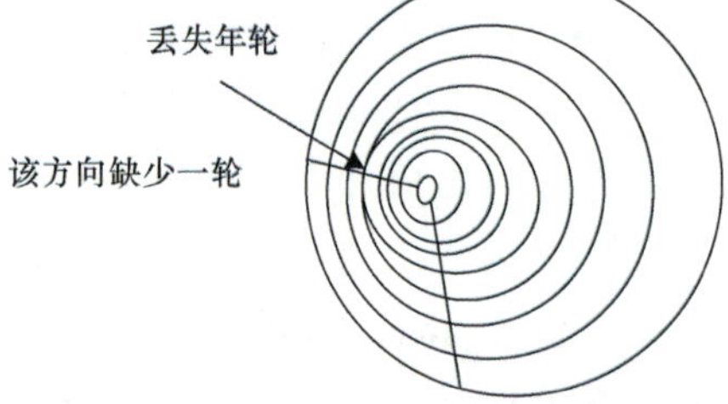

图 2-3　树木丢失年轮示意图

丢失年轮与伪年轮

在采集的树轮样本中，如果观察不到某一年的年轮，那么这年的年轮就是丢失年轮（图 2-3）；如果观察到的两个年轮实际为同一年生长，那么其中的一个年轮就是伪年轮（图 2-2）。丢失年轮和伪年轮是树干中的形成层在那些年因生境变化或自身生理原因而在某个位置某个方向没有分裂产生新的木质部细胞（丢失年轮）或一年中产生了多于一次的形似早材和晚材细胞（伪年轮），它们不会在所有位置和所有方向都产生，同一年的丢失年轮或伪年轮也不会出现在区域内的所有树木之中。在一根树芯样本中，虽然有时可以根据细胞形态来估计疑似丢失年轮或伪年轮，但准确判断它们还是要通过多个样本之间的交叉定年才得以实现。

要实现交叉定年，首先，需要树木茎干的横切面具有明显的年轮。热带地区由于没有明显的四季变化，大多数树种的树木并没有清晰的年轮结构，这样的树木就无法用简单的方法实现交叉定年。其次，如果树木所处的生境具有复杂的干扰（如人类活动）而表现为较强的环境异质性，树木个体之间的树轮序列也很难实现交叉定年。最后，如果树木由于健康原因或小生境特殊性而对环境变化不敏感或过度敏感，树轮间没有明显变化或产生过多丢失年轮或伪年轮，那么这样的树木也很难实现交叉定年。

2.3.2　交叉定年步骤

早期的交叉定年以绘制树轮骨架图为基本方法。首先，根据采样年份和季节确定紧靠树皮的一圈树轮的年份，再往内依次辨别每一树轮的年份，用铅笔在每个 10 年处（如 1810 年、1820 年）标记一小点，每个 50 年处（如 1850 年、1950 年）标记两个小点，每个 100 年处（如 1800 年、1900 年）标记三个小点（图 2-4），以方便快速找到每一年份的树轮。其次，在标有年份的坐标纸纸条上，对每一样本中树轮较窄的年份标以不同长度的线段，年轮越窄，线段越长，从而得到每一样本的树轮窄年骨架图；对比这些骨架图，通过共同的极窄年骨架在坐标纸纸条上绘制出表征采样地的主骨架图。通过对比各样本骨架图与采样地的主骨架图，鉴别可能在哪些年份丢失年轮、伪年轮或目视误差使得样本骨架与主骨架出现错位（图 2-5）。最后，重新检查样本中这些年份的树轮特征以修正树轮序列，再对最初的树轮年份标示点进行更正，从而获得每一树轮的准确形成年份（Stokes and Smiley，1968）。

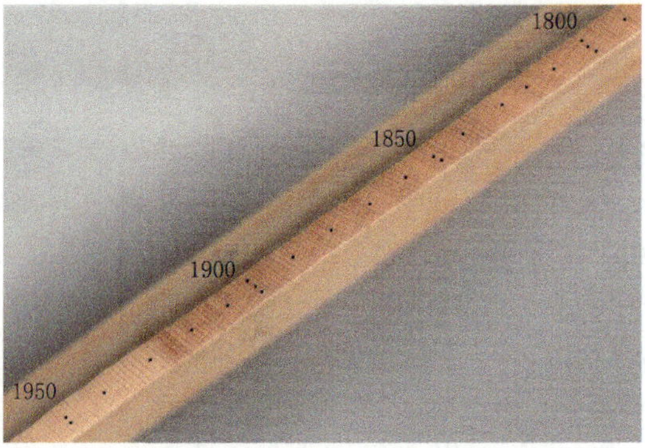

图 2-4　树轮样本定年标点示意图

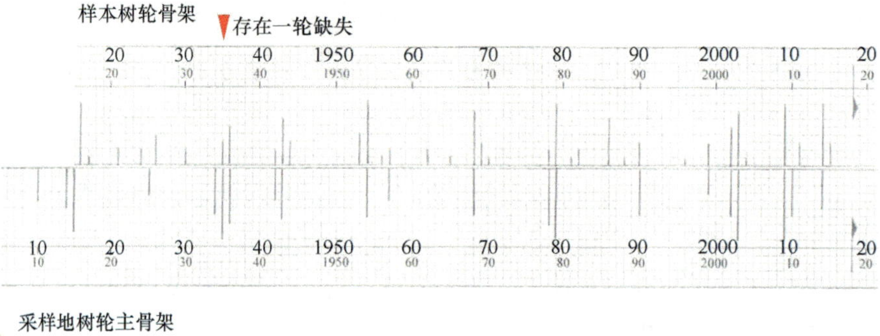

图 2-5　树轮交叉定年骨架图

随着计算机及软件技术的发展，交叉定年多在测量树轮宽度后借助计算机软件来寻找丢失年轮、伪年轮和测量误差发生的片段，并在显微镜下有针对性地鉴别树轮样本这些片段中可能出现的问题，从而确定每一树轮的形成年份。目前最为常用的计算机交叉定年检验程序是 COFECHA（Holmes，1983），它主要是通过计算各样本树轮宽度序列在不同时间窗口内的相关系数来检测可能存在的树轮年份问题。例如，对一批 200 年的树轮样本而言，时间窗口可以设计为 50 年，每隔 25 年计算一次每一样本与其余样本平均序列间的相关系数，共得到 7 个时间窗口的相关系数；其中还计算每一样本前后移位 1～10 年的相关系数；还可设计检验每一样本沿其他样本每年的滑动相关，找出相关系数较大的年份对应位置。这样通过分析这些相关系数可以获得树轮序列可能出现问题的年份区间，再通过检查样本上这些区间的树轮特征来确认具体问题，从而实现交叉定年。如果在采样点周边有已经定好年的树轮序列，那么可以通过与这些序列的对比来辅助采样点的交叉定年。

值得注意的是，计算机程序是用来帮助提示树轮序列中出现问题的可能位置，真正判断问题出在哪个具体年份需要在显微镜下检查树轮特征来确定。另外，相关系数计算的是连续树轮序列，相关系数不高并不一定代表树轮序列的年份有问题，这时可检查树轮的极窄骨架年或其他特征年是否吻合。有时生境异质性会使树木个体间出现较大的生长差异，但共同的极端逆境条件可产生共同的树轮骨架特征年，这是树轮交叉定年的基础。

经过交叉定年而获得每一树轮形成的年份信息，是树木年轮学的基础任务。在此基础上，回答具体科学问题需要设计针对性的数据分析方案。

2.4　树木年轮年表

2.4.1　信号与噪声

树轮宽度、密度、稳定性同位素等各项指标的年际变化往往是气候和干扰等多种因子共同作用的结果，我们所关注的目标因子是“信号”，而其他影响信号表达的因子是“噪声”。在树轮生态学研究中，我们要尽量消除树轮中的噪声而保留信号，以方便进一步分析信号的特征。例如，如果研究目的是认识气候对林线树木径向生长的影响，那么引起树轮变化的气候因子就是信号，而非气候因子是噪声，包括树木自身的生长趋势及各类干扰影响等。又如，如果研究目的是认识森林虫害对树木生长的影响，那么引起树轮变化的虫害就是信号，而气候等其他因子就是噪声，包括树木自身的生长趋势、气候变化及非虫害干扰等的影响。

树木径向生长通常会呈现一种与树龄有关而与外界环境无关的生长趋势，这种生长趋势在幼树阶段多为上升趋势而之后呈现单调递减函数的曲线形式。由于研究中关注的多是外界环境变化对树木生长的影响，该树木自身的生长趋势通常都被作为噪声而去除。树木生长中还有一种趋势是林地受到干扰后内部生境的低频变化造成的，这种趋势也不是所关注的外界环境变化信号，通常也要经过去趋势而消除。另外，树木个体间因为小生境的不同而表现出不同的生长绝对值，绝对值的大小通常与环境变化无关，这种个体间生长绝对值的差异也可理解为个体的一种生长趋势而需要去掉以方便个体间的比较。无论何种情形，去趋势过程首先是模拟出外界环境不变条件下的树木生长趋势线，然后用树轮测量值除以当年的生长趋势值，得到无量纲的树轮指数，每一样本的树轮指数序列平均值为 1。若在生长趋势基础上，环境变化引起的树轮宽度变化与趋势线绝对值无关，也可用树轮测量值与当年生长趋势值的差来表示受环境影响的树木生长。去趋势的关键是对生长趋势的模拟（图 2-6），目前主要包括以下 4 类方法。

1）负指数曲线：利用负指数曲线对树木生长趋势进行拟合，其目的是去除幼树期后的低频生长趋势。负指数函数能够很好地体现幼树期后树木随年龄增长而表现的生长量逐渐减小的特征。该方法是一种较为保守的去趋势，通常适用于林相开阔、生境无低频干扰、树间竞争作用较小的研究区。

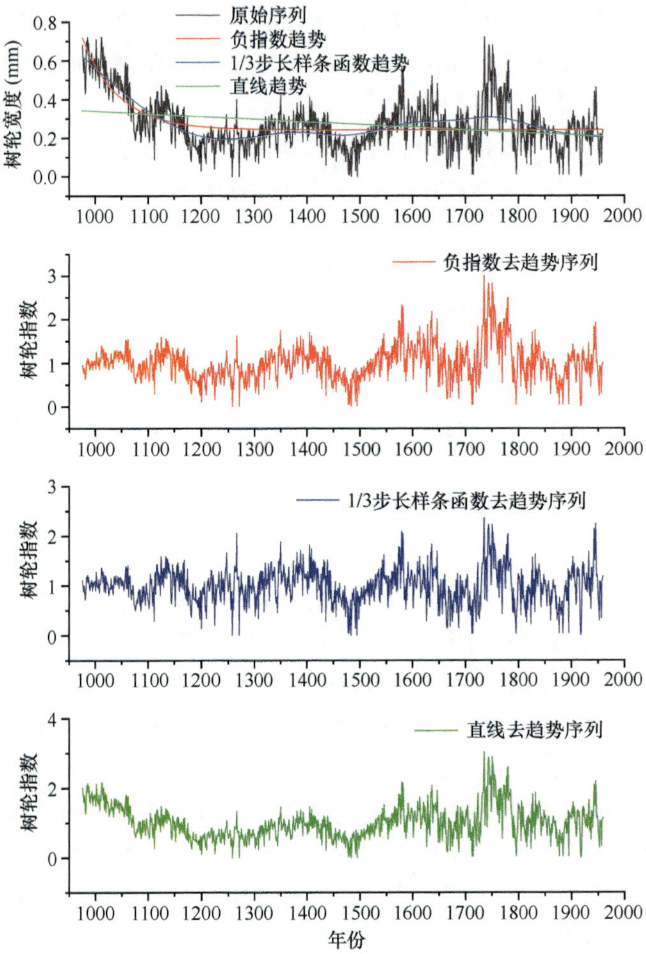

图 2-6　树轮宽度序列去趋势

2）样条函数曲线：利用样条函数对树木生长趋势进行拟合，其目的是去除包括林地受到干扰后内部生境变化对树木生长产生的影响等低频趋势。样条函数所拟合曲线的灵活性随所选步长而变化，步长越短，曲线灵活性越强，但曲线灵活度越大，对生长趋势的过度拟合问题就越严重，即拟合曲线包含了部分环境因子的低频变化信息。该方法适用于林地生境多干扰或存在树间竞争的树木生长去趋势。

3）水平直线：利用水平直线拟合样本在外界环境无变化条件下的树轮生长过程，其目的是去除小生境差异造成的树木个体间表现的生长绝对值不同。该方法适用于实测树轮序列中没有表现出明显低频变化的情形。

4）区域标准化曲线（regional curve standardization，RCS）：利用各样本树轮的生理年龄获得树木随年龄而变化的区域生长趋势进而对各样本去趋势，其目的是在去除生长趋势时尽量避免外部环境低频信息的损失。该方法假设同一区域的树木之间存在共同的生长趋势，因而通过将大量树轮样本按照生理年龄叠加可形成区域生长趋势曲线（Briffa et al.，1992；Briffa and Melvin，2011）。对大量树轮样本明确各树轮的生理年龄而不单单是形成年份，这是该方法的数据基础。

由于在去趋势过程中通常难以甄别环境变化低频信号和与树龄相关的树木生长自身信号，去趋势过程中会同时去掉一部分环境变化信号。针对这种问题，Melvin 和 Briffa（2008）提出了一种去趋势过程中的“Signal-free”修订方法，其主要原理是通过多次迭代把生长趋势中已去除的环境信号逐渐加回到年表中。具体做法是先用传统的去趋势方式建立年表，随后通过年表序列与原始序列相除得到残余信号序列，若该残余信号包含环境信号，则将这部分信号重新加入年表中。这样多次迭代使得丢失的气候信号补充完全，而残余信号序列在计算过程中逐渐平稳且收敛于 1。值得注意的是，“Signal-free”修订方法并不能直接用于树木生长趋势的判断，而是基于一定的去趋势方法进行优化，使得残余序列中不再包含有效的环境信号，即“Signal-free”。

2.4.2　树轮年表的制作

每一棵树木的树轮序列仅代表这棵树周围小生境变化对树木生长的影响，通常我们更关心的是某一林地甚至更大区域上环境变化对森林树木生长的影响，因而需要通过综合各树轮样本信息获得研究区树木生长对环境变化的响应。实现这一目的的一种方法是对各样本的树轮序列按年份进行平均（算数或几何平均等方法）得到研究区树轮年表，这一过程消除了树木个体间树轮的随机变化噪声，而保留了共同的信号。

树轮年表的制作通常是利用计算机 ARSTAN 程序（Cook，1985）来完成的，其核心是选择适合研究对象的树木生长去趋势方法。根据研究目的可设计制作不同类型的树轮年表。①标准年表：只是平均各样本的树轮指数；②差值年表：对各样本树轮指数序列中包含的自相关信号通过自回归模型来去除，然后再平均处理后的树轮指数；③自回归标准化年表：将样本树轮指数序列中所共有的自相关信号再返回到差值年表，而非共同信号不返回。所以，标准年表仅仅是去掉了树木生长趋势，差值年表还去掉了自相关信号，自回归标准化年表去掉了生长趋势和部分自相关信号。在实际运用时，需要根据研究目的判断要保留什么信号，去掉什么信号，然后选择对应的树轮年表。若研究目的中包含树木生长趋势信号，则不做任何去趋势处理，直接使用树轮测量平均值进行分析。

第 3 章　树木生态弹性

对一棵树而言，其生长会响应于环境变化。但是，树不像非生命物质那样直接应对外力作用，而是作为一个生命体有自身应对外界环境变化的生态弹性（resilience）。在本章中，我们首先介绍生态弹性及相关概念和理论方法，继而阐述通过树轮生态学方法研究青藏高原树木生态弹性。

3.1　生态弹性的概念与研究

3.1.1　生态弹性的概念

20 世纪 70 年代初，Holling（1973）将物理学中弹性的概念引入生态学领域，用以描述生态系统能够应对外部驱动因子和内部状态因子的改变而维持系统中各种关系不变的能力。之后，诸多研究者从不同角度对生态弹性进行了描述。例如，有学者强调系统在邻近边界时的非线性生态过程（Ludwig et al.，1997），有学者强调系统在受到干扰后回到平衡态或平稳态所需要的时间长度（Gunderson，2000），有学者强调系统对干扰影响的吸收并通过某些变化重组以维持原有功能和状态的能力（Walker et al.，2004），有学者强调系统能够返回到干扰前原初状态的能力（Thompson et al.，2009），有学者强调系统在外界干扰后保留或维持其原有功能的能力（Hodgson et al.，2015）等。

生态弹性的主体可能是植物个体、种群、群落或生态系统等，其主要针对的是气候、环境等外界干扰或变化。由于气候和环境长期处于变化过程中，干扰事件也频繁发生，尤其在全球变暖背景下极端气候事件发生频率增加，生态弹性具有普遍性。以森林生态系统为例，描述其状态特征的包括森林结构、生物量、多样性、碳库、优势种密度等多种指标，在受到外界干扰而使这些指标发生变化后，森林可通过生态弹性过程而使这些变化了的指标恢复到原有状态，或转变到另一个均衡状态以维持森林原有的功能。对以树木年轮为指标的树木生长而言，其生态弹性是指树木受到外界干扰后能够恢复到干扰前生长状态的能力，这是本章将重点介绍的内容。

3.1.2　树木生态弹性研究

3.1.2.1　生态弹性的时间性

在时间维度上，树木生态弹性主要体现在干扰发生后树木的恢复力变化。树木可能在干扰后迅速恢复，也可能经历较长的时间恢复到干扰前的状况。最近的研究指出，树木生态弹性显著受到干旱条件（程度、频率、开始时间等）的影响，从而发生有差异的生长恢复过程（Gao et al.，2018；Huang et al.，2018）。这种时间上弹性的动态变化影响了森林在某一时期对外界干扰的响应状况(Lucash et al.，2017)。例如，对伊比利亚半岛东北部森林中树木生长的研究发现，树木的生态弹性有减弱趋势，在连续干旱事件发生后，树木生长脆弱性增强，生态弹性可能与树木年龄及干旱强度均有所关联（Serra-Maluquer et al.，2018）。

3.1.2.2 生态弹性的空间性

空间弹性（spatial resilience）是生态弹性理论中的一个关键部分，是实现景观尺度生态弹性评价的基础（Allen et al.，2016）。21 世纪初，人们开始引入空间弹性的概念并定量化地描述生态系统在干扰作用下的反应及其与邻近系统的联系（Nyström and Folke，2001；Elmqvist et al.，2003）。例如，研究人员发现随着局地干旱条件的变化，树木或森林生态系统的抵抗力及恢复力均会发生变化，从而形成了生态弹性的空间格局（Xu et al.，2016）。在这种大空间格局中，部分地区的低抵抗力可能成为生态系统的"短板"而导致在较大空间范围的衰退风险（Flores et al.，2017）。认知空间格局特征对于森林的有效管理是十分重要的。

在森林生态系统中，景观尺度的异质性导致了不同森林立地之间弹性的不同。在这种情况下，弹性的空间格局对于理解和解释弹性及弹性驱动力是非常有必要的。在北半球，Gazol 等（2017）利用了 775 条树轮年表研究了在极端干旱条件下树木的生态弹性特征，发现空间格局上树木的干旱抵抗力随着纬度、土壤湿度和植被指数的增加而增加，树木的生态弹性则随着海拔的上升而增加。同样，在亚马孙热带雨林中，洪泛区树木对极端气候的抵御能力低于其他地区，这使得该区域最易受到火灾侵袭，从而造就了雨林独特的生态弹性空间格局（Flores et al.，2017）。

3.1.2.3 生态弹性的量化

长时间尺度的树木生长变化数据在一定程度上可用于生态弹性的量化分析。Lloret 等（2011）通过干扰前后树木的生长变化提出了树木生长抵抗力及恢复力的定量评价方法（图 3-1）。

目前，人们利用这种方法或相似的方法逐渐开展了生态弹性的研究（Cole et al.，2014；Gazol et al.，2017；Madrigal-Gonzalez et al.，2017）。例如，Ding 等（2017）通过计算胸高断面积在干扰前、中、后的比值定义了欧洲云杉（*Picea abies*）和欧洲山毛榉（*Fagus sylvatica*）在极端干旱干扰下的抵抗力、恢复力及生态弹性。Sakschewski 等（2016）利用干扰前后生物量的比值来定义亚马孙森林生态系统的

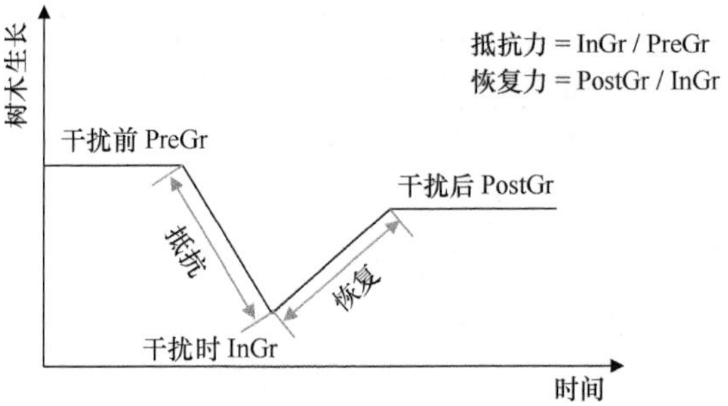

图 3-1　树木生长生态弹性变量计算示意图

植被生态弹性。Isbell 等（2015）则利用气候干扰事件发生时生产力与标准生产力（非干扰年的生产力平均值）的差值来表示异常变化量，用标准生产力与事件当年异常变化量的比值来定义生态系统的抵抗力，用事件发生后及事件当年的生产力异常变化量比值来定义生态弹性。

3.1.2.4　生态弹性的阈值

植物个体的生长或生态系统对干扰的抵抗力存在阈值，若超过阈值，系统将无法恢复到原先状态。掌握生态弹性的阈值能够有效地为可能发生的事件提供预先警告。通过人为设定一系列不同程度的环境变量，考察研究对象的恢复力变化是研究生态弹性阈值的重要方法。然而，在自然情形下，系统的变化只有在超过阈值时才会被人们所观察到，此时已经不能或者很难恢复到原有的均衡状态（Alliance，2010）。例如，当树木生态弹性超过阈值时，树木生长即无法保持原有的状态而发生转变，这种转变可能表现为森林的衰退，甚至死亡（Allen et al.，2016；Cavin and Jump，2017）。大量研究指出，持续的气候变暖及频繁的极端干扰事件使全球多个地区森林发生了衰退现象（Girardin et al.，2014；Chen et al.，2017b；Hogg et al.，2017）。

3.1.2.5　生态弹性的影响因素

极端干扰事件的强度、频率，森林类型和树种组成，以及生境条件均会对生态弹性造成影响。首先，干扰事件直接影响生态弹性。Ponce Campos 等（2013）对 20 世纪末至 21 世纪初全球生态系统水分利用效率进行了研究，发现植被的生态弹性与干旱条件相关。在美国西南部松林，Gao 等（2018）利用 357 条树轮年表揭示了树木生长对不同维度干旱的响应存在差异，干旱频率增加和持续时间增长会导致树木抵抗力下降。

全球不同地区不同植被应对极端环境的生态弹性存在明显差异（Yin and Bauerle，2017）。Gazol 等（2018）利用西班牙 11 个树种 502 个森林的树轮指数数据和植被指数数据发现了树木生态弹性与干旱程度及森林组成存在联系，地中海地区以常绿植被为主的森林抵抗力最低。Sakschewski 等（2016）指出亚马孙森林植被功能多样性的增强使得森林具有更强的适应新环境的能力。在欧洲北部，Vitali 等（2017）研究了花旗松（*Pseudotsuga menziesii*）、冷杉（*Abies alba*）和欧洲云杉 3 种针叶树在极端干旱条件下的生态弹性，发现欧洲云杉对干旱的抵抗力较低，从而建议在该地区不适宜发展该树种的种植。

不同生境下树木的生态弹性不同。在北半球，Gazol 等（2017）利用 775 条树轮年表研究了在极端干旱条件下树木的生态弹性特征，指出树木的干旱抵抗力随着纬度、土壤湿度和植被指数的增加而增加，树木的生态弹性则随着海拔的上升而增加。在热带亚马孙地区森林常因其高生物多样性而具有较高的生态弹性，然而在该地区常被淹没的低地具有较低的生态弹性而对火灾的抵抗力较低（Flores et al.，2017）。Longo 等（2018）对干湿不同生境的亚马孙森林进行了模拟研究，指出较干燥地区的森林对极端干旱的抵抗力较低，易发生大型常绿树木的死亡和生物量下降。Lucash 等（2017）则发现生态弹性的空间变化更多地与各地土壤条件相关，而与各地气候条件关联性较低。

此外，树木个体的特质也影响着它们的生态弹性。Ding 等（2017）研究了德国巴伐利亚州 384 棵欧洲云杉和欧洲山毛榉树轮样本，结果表明随着树干基面积的增大，树木应对干旱的生态弹性和抵抗力显著降低。在美国科罗拉多州，Hanna 等（2018）对不同龄级的湿地松进行了研究，指出在树龄小于 200 年时，树木生长对水分条件的变化有显著响应，之后随着树龄增长，树木生长对干旱的敏感性降低，树木生态弹性随树龄发生变化。

3.2 青藏高原的树木生态弹性

3.2.1 树木年轮数据

青藏高原高寒森林生态系统对极端气候事件具有怎样的生态弹性，这是一个值得关注的科学问题。基于高原上 28 个典型柏树林样点，我们研究了树木生态弹性的时空特征。样点分布在 28°7′N～37°23′N、90°26′E～100°49′E，海拔在 3300～4700m（图 3-2）。

研究区北部以祁连圆柏（*Juniperus przewalskii* Kom.）为主要树种，南部以大果圆柏（*Juniperus tibetica* Kom.）为主要树种。这些树木去除生长趋势后的树轮年表与 5～6 月干旱指数呈现显著的相关性（表 3-1），表明树木生长受到 5～6 月水分条件变化的显著影响。

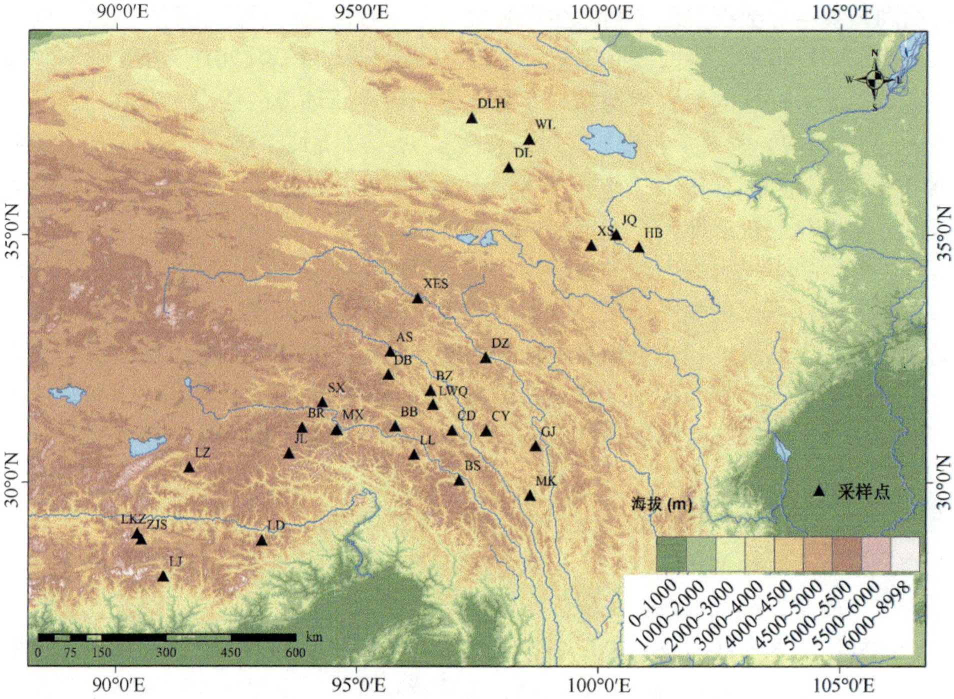

图 3-2 青藏高原 28 个典型柏树林采样点分布图

表 3-1 青藏高原 28 个典型柏树林采样点信息

样点	纬度（°N）	经度（°E）	海拔（m）	时期（A.D.）	棵数（棵）	平均序列相关	年表与 5～6 月 scPDSI 相关
DLH	37.37	97.37	3820	951～2001	37	0.757	0.617
WL	36.94	98.55	3640	1322～2001	22	0.584	0.482
DL	36.37	98.13	3610	157～2000	69	0.702	0.601
JQ	35.02	100.35	3626	1404～2005	27	0.463	0.301
XS	34.80	99.84	3644	1204～2005	26	0.645	0.464
HB	34.76	100.81	3320	1377～2005	26	0.496	0.469
XES	33.73	96.25	4234	1600～2008	40	0.639	0.525
AS	32.65	95.68	4051	1424～2008	34	0.540	0.526
DZ	32.53	97.67	4018	1319～2001	31	0.510	0.470
DB	32.19	95.64	4192	1460～2001	29	0.667	0.391
BZ	31.87	96.52	3908	1314～2001	32	0.554	0.374
SX	31.63	94.29	3854	1494～2004	27	0.448	0.397
LWQ	31.59	96.57	3882	1387～2006	22	0.370	0.417
BB	31.15	95.78	4453	1394～2006	30	0.773	0.416

续表

样点	纬度（°N）	经度（°E）	海拔（m）	时期（A.D.）	棵数（棵）	平均序列相关	年表与 5～6 月 scPDSI 相关
BR	31.12	93.87	4350	866～2005	31	0.554	0.620
MX	31.08	94.58	4144	1141～2006	24	0.620	0.428
CD	31.08	96.97	4388	1477～2010	32	0.526	0.360
CY	31.06	97.68	4325	1252～2006	27	0.664	0.652
GJ	30.75	98.69	3817	1361～2006	24	0.464	0.547
JL	30.60	93.60	4250	1412～2004	30	0.613	0.404
LL	30.58	96.18	4440	1409～2006	32	0.742	0.604
LZ	30.31	91.51	4233	1173～2004	30	0.578	0.613
BS	30.06	97.12	4282	1683～2006	29	0.535	0.264
MK	29.75	98.58	4050	1405～2006	28	0.553	0.693
LKZ	28.98	90.44	4680	1739～2002	20	0.347	0.287
ZJS	28.86	90.53	4603	1784～2005	25	0.598	0.532
LD	28.84	93.04	3744	1486～2013	38	0.508	0.556
LJ	28.12	90.99	4006	1715～2004	27	0.345	0.268

注：年表与 PDSI 的相关系数计算的年份区间为 1957～2000 年。A.D.表示公元年份

3.2.2 极端干旱事件

区域平均（覆盖区域为 27°45′N～37°45′N、90°15′E～101°15′E）的自校准帕默尔干旱指数（self-calibrating Palmer drought severity index，scPDSI）被用于定义区域尺度的极端干旱。

帕默尔干旱指数（Palmer drought severity index，PDSI）由美国气象学家 Palmer（1965）提出，用于衡量大气水分供应和土壤水分需求的累积效应，是考虑了降水、温度和土壤蒸发的水分条件指标。

由于 PDSI 背景值存在空间差异，研究人员提出自校准帕默尔干旱指数（self-calibrating Palmer drought severity index，scPDSI），通过动态计算的指数替代经验常数。

资料来源：http://www.cgd.ucar.edu/cas/catalog/climind/pdsi.html

极端干旱事件被定义在 5～6 月平均 scPDSI 序列一阶差上低于平均值减去 1.5 倍标准差所对应的年份（图 3-3）。

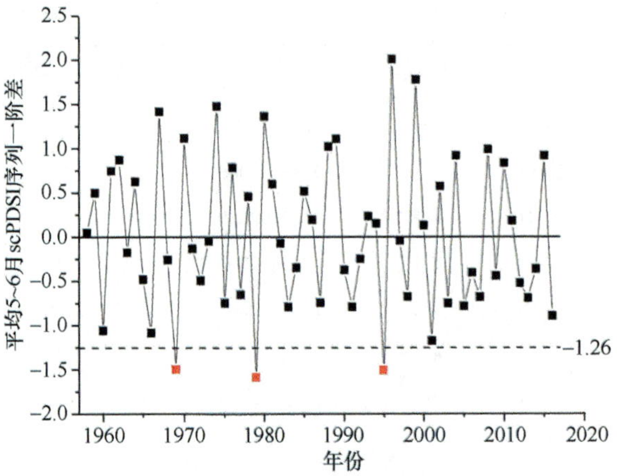

图 3-3　极端干旱年的选取

■红色方块表示极端干旱年对应的序列值

由此定义了 1969 年、1979 年及 1995 年为极端干旱事件发生的年份。在这 3 次事件中，干旱发生程度类似，且前一年平均树轮指数均在 1±0.02 水平，表明类似前期状况的森林遇到类似程度的干旱影响。

3.2.3　树木生态弹性的计算

树木的抵抗力及恢复力根据 Lloret 等（2011）提出的公式进行计算：

$$Rt=InGr/PreGr$$

$$Rc=PostGr/InGr$$

式中，Rt 和 Rc 分别指树木的抵抗力和恢复力。InGr 指发生极端干旱事件当年的树轮指数值，PreGr 和 PostGr 分别指干旱前、后 4 年的平均树轮指数值。研究指出具有生态弹性的树木在事件发生后 4 年的时间中能够恢复到原有的状态（Wu et al.，2017；Huang et al.，2018）。

每一棵树木在 3 次极端干旱事件中的抵抗力和恢复力可通过计算获得，若树木的抵抗力值大于 0.75，则定义其为高抵抗力树木；若树木的恢复力大于 1.25，则定义其为高恢复力树木。由此计算 28 个样点森林中具有高抵抗力（$P_{Rt>0.75}$）和高恢复力（$P_{Rc>1.25}$）树木的比例（图 3-4），从而得到青藏高原柏树森林应对 3 次极端干旱事件的区域抵抗力、恢复力空间格局特征。

3.2.4　树木生态弹性的时空特征

在极端干旱事件中对 PreGr、InGr 和 PostDr 指标的统计结果表明，PreGr 平均值保持在 1±0.03；InGr 平均值小于 1 且在 3 次事件中存在下降趋势，第三次事

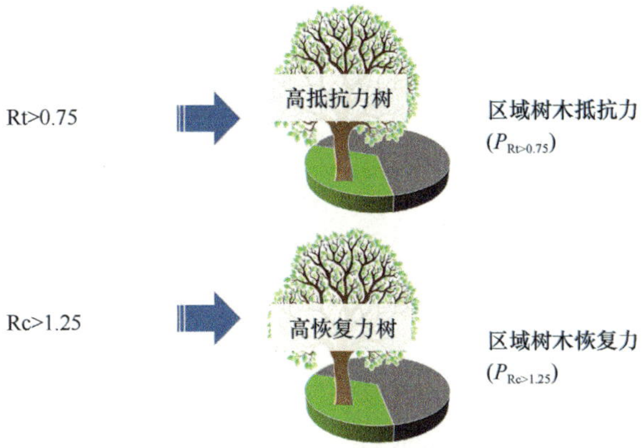

图 3-4 区域树木抵抗力与恢复力计算示意图

件发生时树木的生长差异较大；PostGr 平均值在第一次事件中未达到 1，显示出较为缓慢或较低的前期恢复，3 次事件中 PostGr 平均值存在上升趋势（图 3-5）。

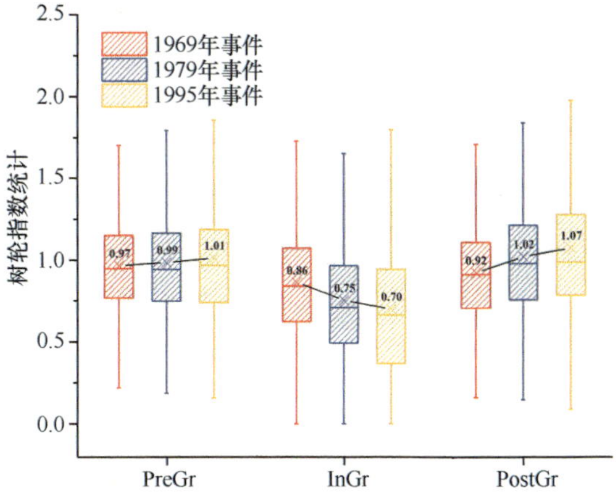

图 3-5 极端干旱事件年及其前后树轮指数统计

在时间尺度上，树木抵抗力表现出下降趋势，同时树木恢复力呈现上升趋势（图 3-6）。整个区域树木的平均抵抗力由 1969 年事件的 0.90，下降到 1979 年事件的 0.78，以致 1995 年事件的 0.65，大量的树木受到干旱干扰后生长量急剧下降。树木在 3 次事件后的平均恢复力从 1969 年事件的 1.31、1979 年事件的 1.69 急剧上升到 1995 年事件的 10.03，恢复力指数显著提升。当然，这种急速上升的恢复力指数，部分原因是抵抗力的降低导致的事件当年树轮指数值过低。综合抵抗力及恢复力指数，树木在经历干旱事件时所表现出的生长变化幅度增大，弹性增强。

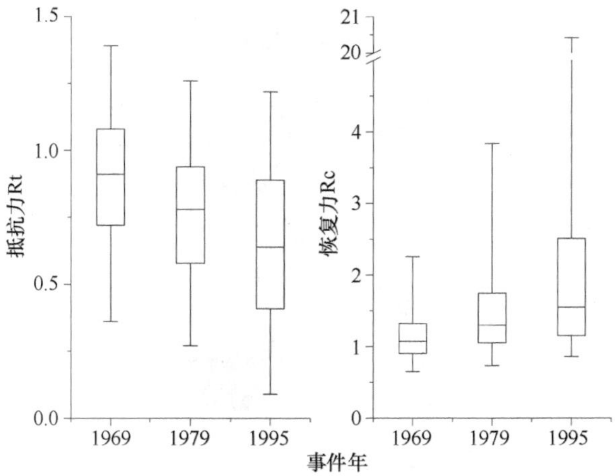

图 3-6 树木个体对极端干旱的抵抗力与恢复力统计箱线图

在空间尺度上，用高抵抗力及高恢复力树木比例作为评价区域树木抵抗力和恢复力的指标。在青藏高原上，区域树木抵抗力和恢复力表现出突出的空间异质性，且随着时间的变化，高抵抗力区域的面积逐渐缩减，高恢复力区域的面积逐渐扩张（图 3-7，图 3-8）。1969 年、1979 年和 1995 年，具有高抵抗力的树木比例分别为 71.9%、55.2%和 39.7%，显示出在个体树木抵抗力下降的同时伴随更多的树木个体具有较低的抵抗力。树木抵抗力下降伴随高抵抗力树木的数量下降，导致了整个区域森林在经历最近一次干旱事件时变化幅度更大，更为脆弱。相对地，在 3 次事件中，具有高恢复力的树木比例由 28.3%上升到 52.2%、64.2%，表明了即便森林在干旱干扰下更为脆弱，但也依旧有很强的恢复能力维持森林原有的状态。

在对这 3 次干旱事件的研究中，以树木生长偏离原始均衡状态的程度作为评价生态弹性的依据，发现无论是在表现程度上还是在空间范围上，该区域树木生态弹性是逐渐增强的。尽管森林中的树木能够在极端事件后表现出强恢复能力，然而抵抗力的下降仍然使得森林面临潜在的衰退风险。当干旱强度超过树木抵抗力所能承载的阈值时，则可能发生树木生长衰退甚至森林死亡（Holling，1973；Mori et al.，2013）。同时，森林弹性空间格局随着时间的变化，说明评价森林健康风险的敏感地区存在不确定性（Gazol et al.，2018）。

3.2.5 青藏高原树木生态弹性的影响因素

在青藏高原树木生态弹性时空格局的基础上，通过逐步回归分析方法考察森林内在因素、外界环境因素对区域树木抵抗力和恢复力的影响。在构建树木生态弹性的模型时，以青藏高原 28 个样点树木经历 3 次极端干旱事件表现出的区域抵

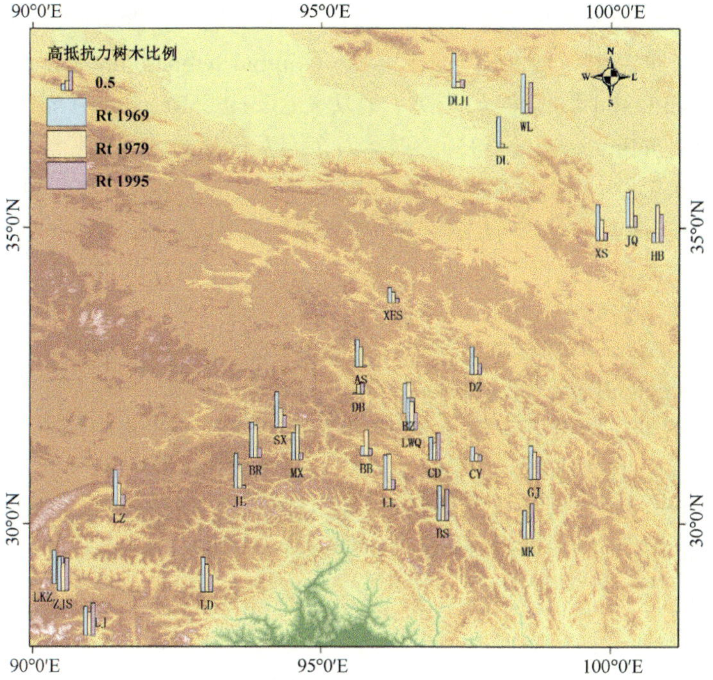

图 3-7　极端干旱事件中各样点高抵抗力树木比例

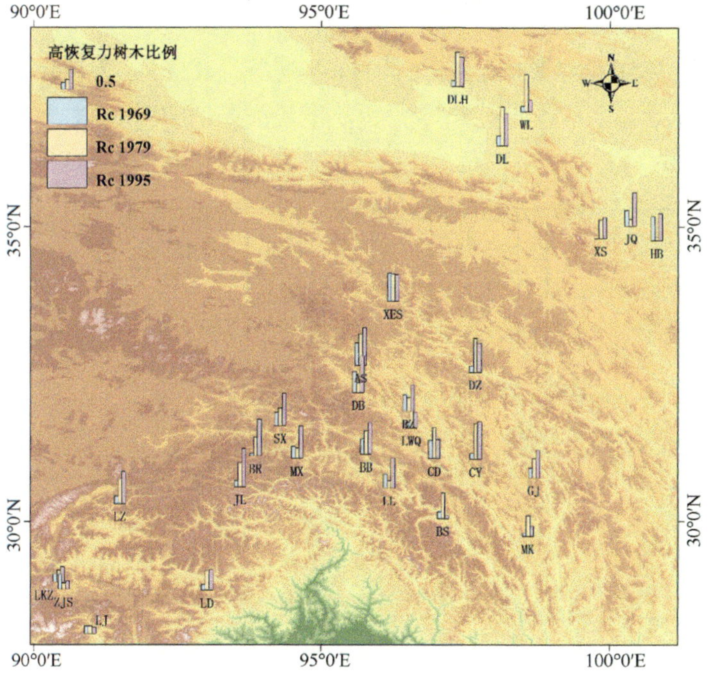

图 3-8　极端干旱事件中各样点高恢复力树木比例

抗力（$P_{Rt>0.75}$）和恢复力（$P_{Rc>1.25}$）作为模型因变量，自变量中的气候因素包括月平均气温、最高温、最低温、昼夜温差（diurnal temperature range，DTR）、月总降水量、scPDSI［数据来源：1957年以来 Climatic Research Unit（CRU）4.01数据集（http: //climexp.knmi.nl）］，森林内在因素包括树木间生长一致性、生长量标准差及树木年龄。树木间生长一致性用11年区间的GLK（Gleichläufigkeit）指数（Schweingruber，1996）表示。在逐步回归中，剔除自变量中对区域树木抵抗力或恢复力不起作用或作用极小的因子（P>0.15），同时选入显著性因子（P<0.1），最终得出最优回归模型。

GLK（Gleichläufigkeit）指数是一种衡量两个树轮序列年际相关性的非参数检验指标。在从一年到下一年间，若两个树轮的变化表现为相同的上升或下降，则记为1，反之则记为0，若其中一个年轮的变化没有上升和下降，则记为1/2。在一段时间窗口内，这些数值的总和除以该时间窗口的长度，即该窗口上两个树轮序列的GLK值（图3-9），通常用百分数表示。

$$\Delta_i = \left(x_{i+1} - x_i\right) \begin{cases} \Delta_i > 0; G_{ix} = 1/2 \\ \Delta_i = 0; G_{ix} = 0 \\ \Delta_i < 0; G_{ix} = -1/2 \end{cases}$$

$$\text{GLK} = \frac{1}{n-1}\sum_{i=1}^{n-1}\left|G_{ix} + G_{iy}\right|$$

x_i 为第 i 年树轮指数值，x_{i+1} 为第 i+1 年树轮指数值。Δ 为年际生长量差值，G_{ix} 为 x 样本在第 i 年的生长量，G_{iy} 为 y 样本在第 i 年的生长量。

图3-9　GLK值计算示意图

3.2.5.1　树木抵抗力的影响因素

青藏高原28个样点树木抵抗力的回归模型为

$$P_{Rt>0.75} = 1.887 + 0.052\ \Delta\text{PDSI} - 1.97\ \text{GLK}$$

$$P<0.001，R^2=0.35$$

树木抵抗力与 5～6 月 ΔPDSI（干旱年与干旱年前一年 scPDSI 的差值）及 GLK 指数有显著联系，ΔPDSI 下降及 GLK 指数上升均会导致树木抵抗力的下降（图 3-10）。强烈的干旱通常被认为是树木生长量减少的最主要因素（Anderegg et al.，2015），因而干旱强度的变化对区域树木抵抗力至关重要（Koppel and Rietkerk，2004；Gazol et al.，2017）。这种干旱强度的变化更多地表现在高频波动上，而低频趋势上的干旱可能使得植物产生适应力（McNulty et al.，2014）。

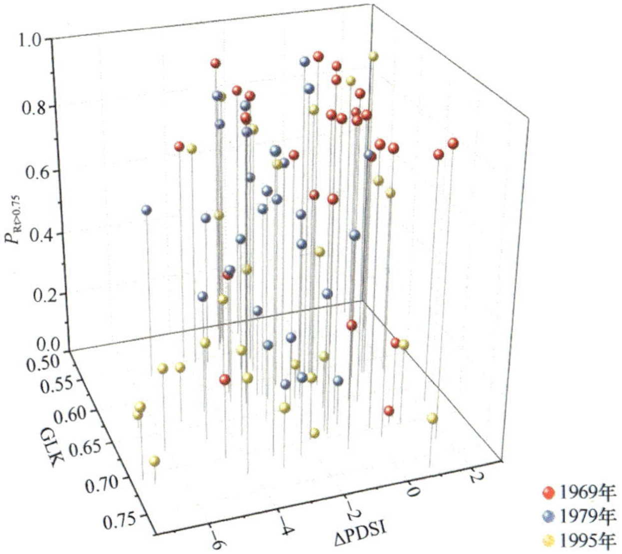

图 3-10　树木抵抗力与其影响因素散点图

树木间的生长变化越多样，树木对干旱的抵抗力就越高，该结果与生态系统尺度上的认知相似，即生物多样性的增加会使生态系统具有更强的抵抗力。

3.2.5.2　树木恢复力的影响因素

青藏高原 28 个样点树木恢复力的回归模型为

$$P_{Rc>1.25} = -0.5413 + 0.154\,\Delta DTR + 1.45\,GLK$$
$$P < 0.001,\ R^2 = 0.32$$

树木恢复力与 5～7 月 ΔDTR（干旱年后一年与干旱年平均日温差的差值）及 GLK 指数存在显著联系，ΔDTR 及 GLK 指数的上升均会促进区域树木恢复力的增强（图 3-11）。

在青藏高原高寒环境中，极端干旱事件发生后树木的恢复力更多地取决于春季生长开始的时间，而这与昼夜温差具有密切的联系（Ford et al.，2016；Li et al.，2016）。另外，昼夜温差通常与云量有关，而云量极大程度上影响了日最高温度和

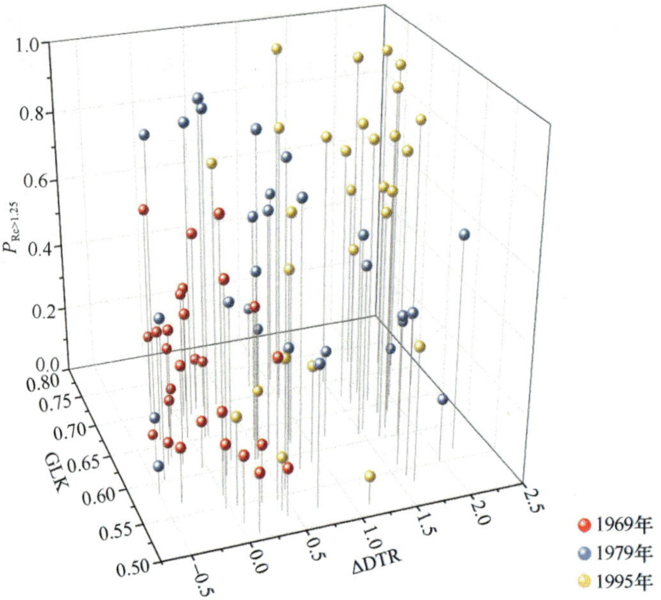

图 3-11 树木恢复力与其影响因素散点图

白天的蒸散作用（Dai et al.，1999），从而影响了树木形成光合作用产物的能力（Pregitzer et al.，2000）。Körner（1998）的研究显示，昼夜温度差异在北极及高山森林生态系统中对树木生长起到非常重要的作用。当树木间生长一致性越高，森林恢复到原有状态的能力越强，这类似于简单生态系统恢复原有状态的能力较复杂生态系统强。

综上所述，近 60 年来，青藏高原树木对极端干旱的抵抗力呈现显著的下降趋势，高抵抗力区域面积减小；同时恢复力呈现显著上升趋势，高恢复力区域面积增加，从而使得高原树木能够保持其健康的生长状态而未发生大规模衰退。青藏高原区域树木抵抗力和恢复力分别受到干旱程度变化和日温差变化的影响。树木间生长一致性在树木的生态弹性过程中起到了非常重要的作用。森林中普遍存在的树木生态弹性过程在一些研究中通常被忽略。例如，在利用树轮重建过去气候变化中，通常将树木个体应对外界干扰产生的抵抗及恢复作为随机因素而通过样本间的平均来消除，但树木的生态弹性并非随机因素，因而在重建气候变化中需要加以考虑。了解高原树木生态弹性有利于对未来气候变化情景下的森林健康风险做出评估，从而制订相应的有效的森林保护措施。

3.3 青藏高原树木生长适应性策略

树木的生长适应性（adaptation）是指树木在长期的外界环境胁迫下增强自身抵抗力和恢复力的应对调整特征。适应性与生态弹性之间存在联系，但由于目前定义上的差异和多样，这种关系并不明确。Gunderson（2000）用适应性描述生态弹性转变过程，从而解释生态系统多稳态之间的变化。Carpenter 等（2001）将适应性作为生态弹性中的一个组成成分，反映出对干扰的一种响应模式。也有研究者认为，正是由于生态弹性的存在，持续生活在外界环境压力下的树木才具有适应性而在极端事件发生时具有更强的抵抗力（Ponce Campos et al.，2013；McNulty et al.，2014）。例如，在地中海东部，对不同降水梯度上松林的研究表明，长期生存在干旱条件下的树木具备维持树木生理生长的适应能力，从而比湿润地区的树木拥有更强的抗旱能力（Helman et al.，2017）。

3.3.1　青海省同德县黄河河漫滩甘蒙柽柳林

青海省同德县然果村（35.54°N、100.16°E，海拔 2678m）（图 3-12）黄河河漫滩生长着一片乔木状甘蒙柽柳（*Tamarix austromongolica* Nakai）（图 3-13，图 3-14）。由于该处柽柳长期遭受河漫滩洪积、泥石流及大风等灾害的影响，其良好存活表明了柽柳对外界干扰的极强适应性。这片柽柳林位于规划建设的黄河羊曲水电站淹没区，近年来受到了专家学者和社会各界的广泛关注。

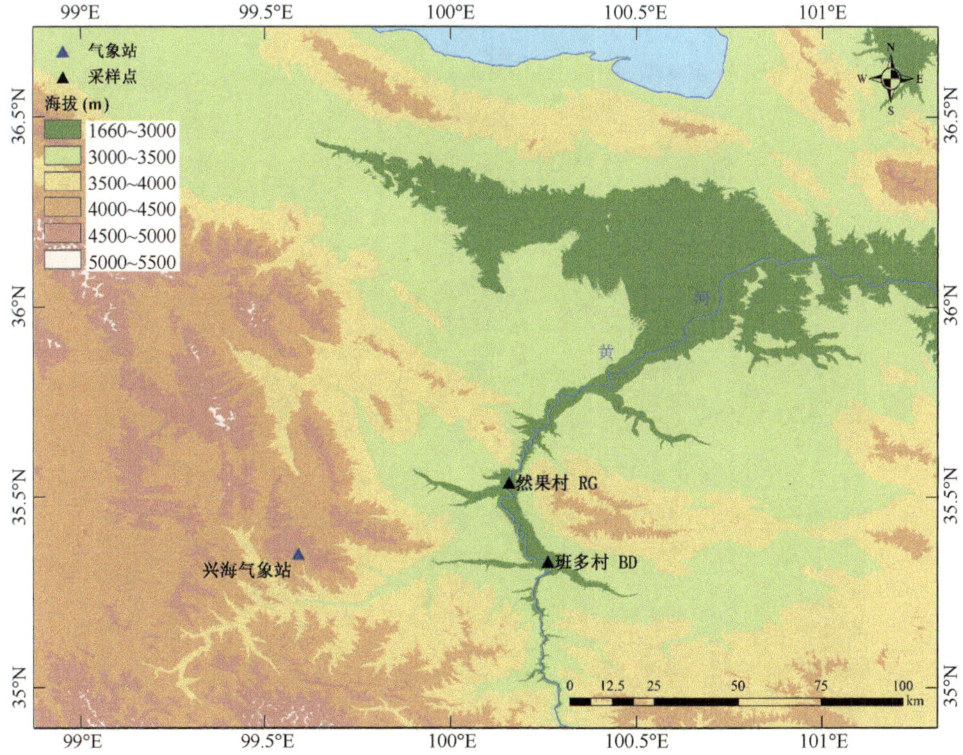

图 3-12　甘蒙柽柳采样点及气象站位置图

图 3-13　同德县然果村甘蒙柽柳林

图 3-14　同德县然果村一株甘蒙柽柳

这片甘蒙柽柳林所处区域属于温带大陆性干旱气候，据兴海气象站 1960～2015 年数据统计，该区全年平均气温 1.4℃，最暖月 7 月平均气温为 12.5℃，最冷月 1 月平均气温为–11.4℃。该地区降水稀少，且主要集中在 5～9 月，年降水总量约为 362.8mm，最大降水量出现在 7 月，平均 7 月降水总量约 85.0mm。该区常年存在较强的东西向山谷风，尤其在 2～4 月，大风发生频率最高。河漫滩以石砾质冲积土和沙质冲积土为主，土层较厚，土壤发育程度差。在附近非淹没区班多村（35.33°N、100.26°E，海拔 2730m）也分布着甘蒙柽柳林（图 3-14）。

我们在然果村、班多村分别采集了 37 株和 15 株甘蒙柽柳活立木的树芯样本，同时获取了 4 株和 1 株倒木圆盘样本（表 3-2）。针对个别胸径较大且疑似多株合生树木，设计采集多根样芯。例如，被人们认为胸径最大的“柽柳王”（编号 RG-X05），我们对其进行了 5 个方向的树芯采集。

表 3-2　青海省同德县甘蒙柽柳采样信息

样本号	胸径（cm）	年龄①（年）	最小年龄②（年）	样本号	胸径（cm）	年龄（年）	最小年龄（年）
RG-X01	23.2	28		RG-X27	28.0	25	
RG-X02	24.8	36		RG-X28	20.4	23	
RG-X03	28.6		34	RG-X29	22.6	22	
RG-X04	31.2	35		RG-X30	21.3	19	
RG-X05A	132.1	86		RG-X31	21.6	15	
RG-X05B	132.1	42	39③	RG-X32A	33.7		19
RG-X05C	132.1	31		RG-X33	19.2	22	
RG-X05D	132.1	64		RG-X34	25.5	23	
RG-X05E	132.1	35		RG-X35	29.6		
RG-X06A	105.0	18		RG-X36	36.3	28	
RG-X06B	105.0	35		RG-X37	49.7		40
RG-X07	51.3		40	RG-X17	43.6		29
RG-X08	31.5		48	RG-X18	38.2		78
RG-X09A	37.9		28	RG-X19	49.3		23
RG-X10	35.7	32		RG-X20	37.9		20
RG-X11A	104.4		19	RG-X21	42.7	33	
RG-X12A	98.4		39	RG-X22	28.3	22	
RG-X13A	69.7	58		RG-X23	26.7	21	
RG-X14A	63.0	32		RG-X24A	111.7		34
RG-X15A	107.3		86	RG-X25A	59.2		24
RG-X16	58.3	86		RG-X26	25.5		24

续表

样本号	胸径（cm）	年龄（年）	最小年龄（年）	样本号	胸径（cm）	年龄（年）	最小年龄（年）
RG-P38	19.7	30		BD-X07A	63.0	41	
RG-P39	18.5	27		BD-X08A	39.5		41
RG-P40	18.1	39		BD-X09A	65.1		39
RG-P41	57.6	115		BD-X10	45.8	46	
BD-X01A	42.3	28		BD-X11	30.9	54	
BD-X02	28.0		24	BD-X12	37.6	46	
BD-X03	29.3	23		BD-X13	22.6	52	
BD-X04	17.2		20	BD-X14	29.0	56	
BD-X05	33.1	52		BD-X15	32.8		45
BD-X06A	89.4	40		BD-P16	19.4	38	

注：BD，班多村样本；RG，然果村样本。P，圆盘；X，样芯。样本编号中的数字表示不同植株，数字后字母表示多株合生树之分株。①显示髓心的树轮样本年龄；②未显示髓心的树轮样本最内轮年龄；③该树芯样本包含不同株的两段，其中内段样本未显示髓心

经过预处理、测量和交叉定年，我们建立了然果村和班多村树木年轮宽度标准年表（图 3-15）。两地年表高频低频趋势均较为吻合，不存在显著差异。年表显示在 20 世纪 70 年代，两地的甘蒙柽柳生长均呈现出显著下降后的加速生长，并同时出现大量新生个体。20 世纪 80 年代以来，两地的甘蒙柽柳生长趋于稳定。

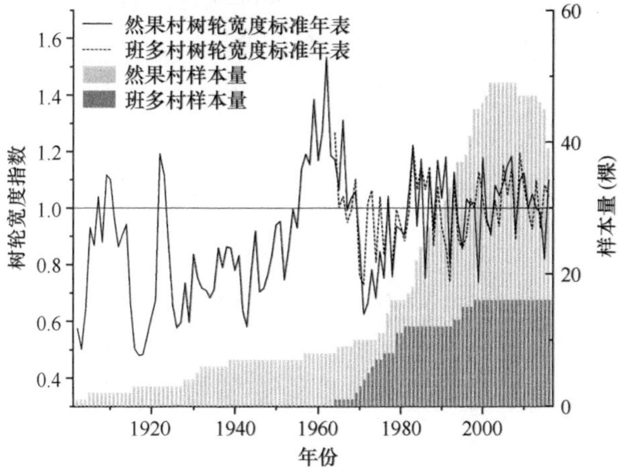

图 3-15　同德县甘蒙柽柳树轮宽度标准年表

树木平均年生长速率差异较大，在取样的树木样本中，最小值为每年 1.8mm，最大值为每年 8.3mm（图 3-16）。在强烈大风及常年泥石流的影响下，树木的生长

受局地环境胁迫的影响出现较大的差异。同时，在树木径向生长的各个方向，这种差异也显著存在，导致了树木生长偏心较为明显（图 3-17）。

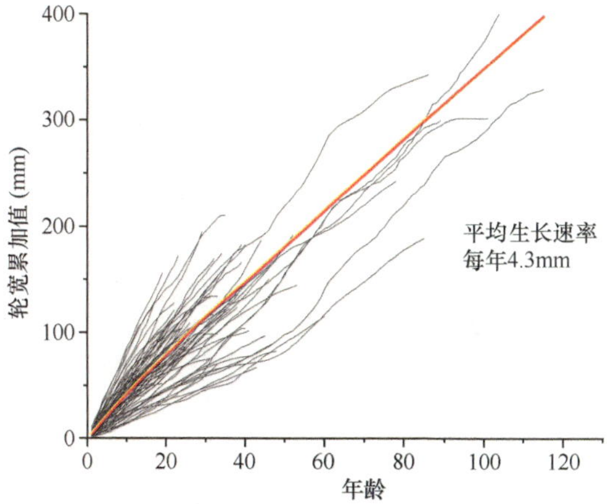

图 3-16　同德县甘蒙柽柳个体年龄递增与径向生长累加的关系

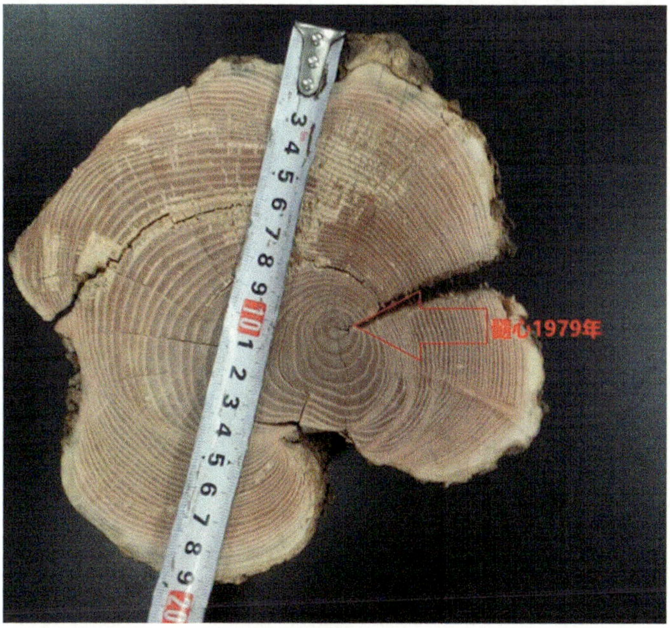

图 3-17　柽柳倒木圆盘样本

圆盘样本编号为 BD-P16

3.3.2　影响甘蒙柽柳生长的环境因子

然果村甘蒙柽柳的生长与全年多数月份的风速呈现较为显著的负相关(图3-18)，

而与径流的相关性不显著（图 3-19）。柽柳生长与风速的显著负相关发生在前一年 10～11 月、当年 2 月及 4～5 月，风速的增强可能不利于该地柽柳的生长。

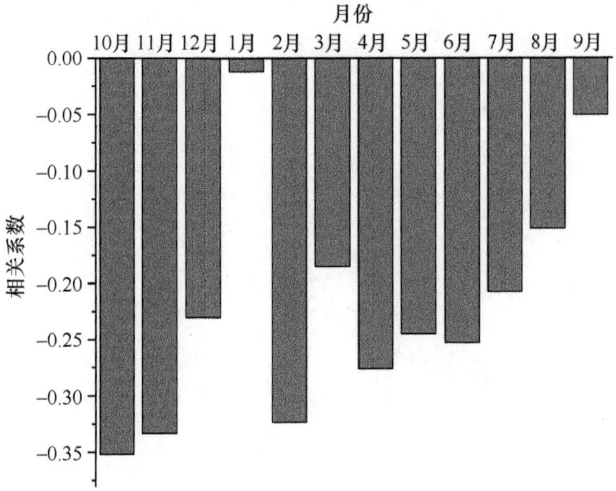

图 3-18　然果村甘蒙柽柳生长与风速的相关关系

10～12 月为前一年

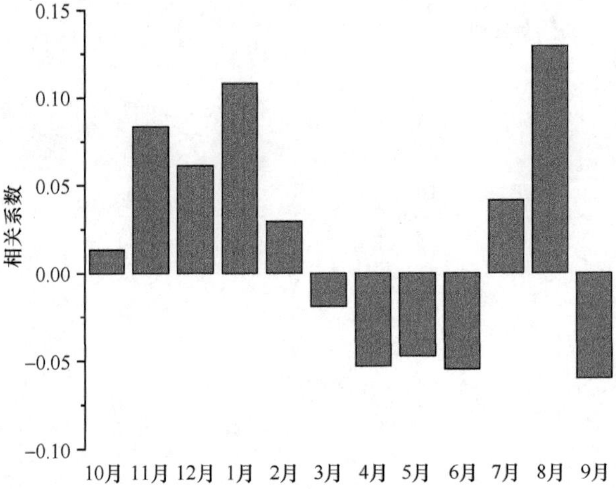

图 3-19　然果村甘蒙柽柳生长与径流的相关关系

10～12 月为前一年

类似地，班多村甘蒙柽柳的生长与风速呈现显著负相关，明确的显著负响应发生在当年 5～6 月（图 3-20）。同时，班多村柽柳生长与全年多个月份的径流呈现显著正相关（图 3-21），径流的增加有利于该地柽柳的生长。

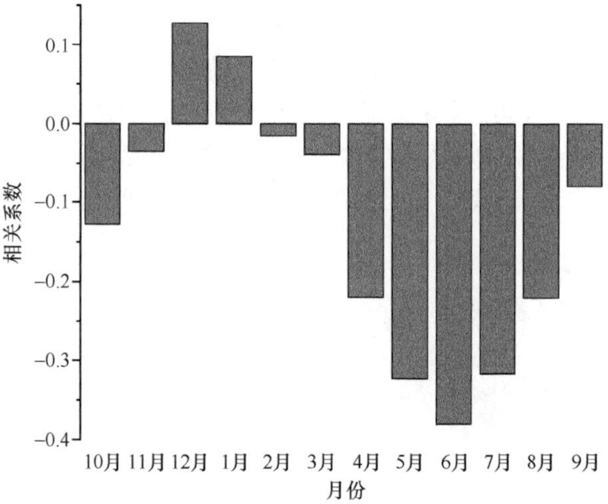

图 3-20 班多村甘蒙柽柳生长与风速的相关关系

10～12 月为前一年

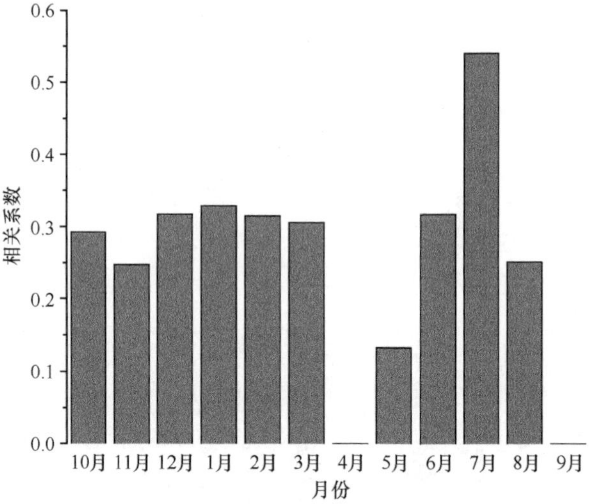

图 3-21 班多村甘蒙柽柳生长与径流的相关关系

10～12 月为前一年

由于水分条件在柽柳生长中的关键作用（王霞等，2002；史玉炜等，2007），区域河流及湖泊水文条件通常被认为是影响柽柳属植物生长及分布的重要环境因子（蒋进和高海峰，1992；杨维康等，2002；侯佳文等，2015）。根据当地水文站点及文献记载，20 世纪 70 年代黄河自然径流量处于低值，对应于甘蒙柽柳树轮宽度标准年表低值期（图 3-15）。单年分析的结果显示，在 1971 年、1988 年、2001 年及 2002 年，7～8 月黄河径流总量出现极低值（低于 $4.0\times10^{9}m^{3}$），对应于然果、班多两个样地柽柳出现低生长。

两地柽柳的生长与风速的相关关系显示，常年的大风环境不利于柽柳的生长。以25年作为窗口长度进行滑动相关分析，结果显示，然果村柽柳生长与多个月份月平均风速的负相关在近50年来显著减弱甚至反向（图3-22）。20世纪70年代新生的个体数目较多，幼年植株对风力的抵抗力较小，故而在前期柽柳生长与风速的负相关性更强，而随着柽柳径向增粗，对风的抵抗力增强，对应的负相关性减弱。

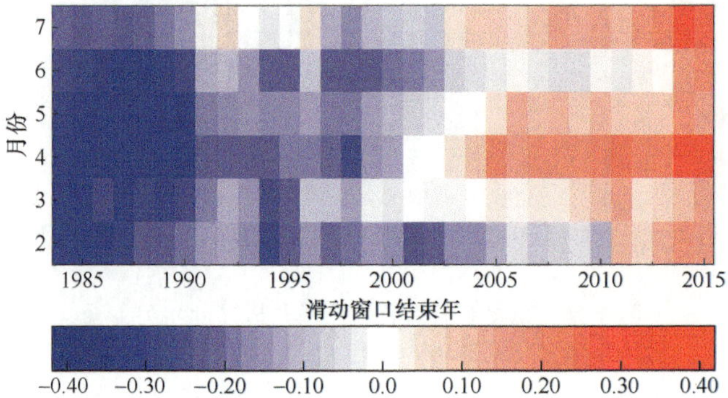

图3-22　然果村甘蒙柽柳生长与风速的滑动相关

3.3.3　甘蒙柽柳的多株合生

同德县黄河河漫滩上生长的柽柳存在一种独特的“多株合生”现象，即多株茎干聚集合生在一起形成看似一棵树干的现象（图3-23）。由于生境干扰，该地柽柳干形相对复杂，这种多株合生现象很难通过肉眼观察进行直观判断。

图3-23　多株合生的柽柳

我们对一棵胸径较大（胸径为 132.1cm）、树干有许多纵向凸起而疑似多株合生的柽柳（树木编号为 RG-X05）从 5 个方向分别钻取了树芯样本。这些树芯样本均存在各自的髓心，样本中最小年龄为 31 年，最大年龄为 86 年（表 3-2），证明了该较粗树干实为不同时期萌生的多株聚集，并不是一棵单一的柽柳茎干（图 3-24）。

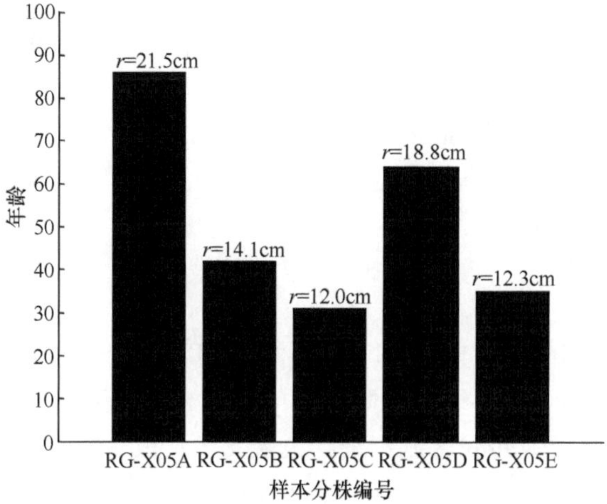

图 3-24　编号为 RG-X05 柽柳样本的分株年龄及半径

多株合生现象在黄河羊曲水电站库区及周边地区甘蒙柽柳林中十分普遍，从而使得作为灌木或者小乔木的甘蒙柽柳能够具有高大乔木的外形特征。研究区频发的大风、河漫滩洪积，以及泥石流灾害可能是造成甘蒙柽柳多株合生的主要原因，这也同时反映了甘蒙柽柳对极端环境具有较强的生态弹性和适应性。

第 4 章　森林衰退历史

森林衰退在全球森林中普遍存在，对生物多样性保护、生态服务功能维持和碳储存等多方面造成了不利影响，已成为当前世界范围内所面临的一个主要环境问题（Dixon et al.，1994；Anderegg et al.，2013）。本章重点介绍青海省曲麻莱县、囊谦县及青藏高原东北部的森林衰退历史研究。

4.1　研 究 背 景

在早期的研究中，人们发现过度采伐和环境污染会造成森林地力退化、树木活力下降、顶梢枯死、冠层绿度下降等现象，引发森林衰退（Schulze et al.，1989；Bussotti and Ferretti，1998）。近年来，气候变化及极端气候事件引发的森林衰退越来越受到关注（Allen et al.，2010；Gauthier et al.，2015；Millar and Stephenson，2015；Reyer et al.，2015）。森林衰退发生时，林内树木表现出生长发育滞缓和生产力下降（朱教君和李凤芹，2007；Carnicer et al.，2011；Peng et al.，2011），因而通过树木年轮生态学方法可以研究森林衰退的过程和特点(Fritts and Swetnam，1989)。

Cook 等（1987）研究了美国纽约州北部阿迪朗达克（Adirondack）山的红云杉（*Picea rubens* Sarg.）林衰退现象，发现 1967 年前的树轮与气候有较强的相关关系，而之后的树轮宽度比根据气候模拟的树轮宽度有较大的变窄，显示 1967 年之后的树轮生长变化已经不是随气候波动的自然变化，而很可能与冬季极端低温导致的新芽损害和森林衰退有关。Schweingruber 等（1979）在对欧洲瑞士北部云杉（*Picea abies*）、冷杉（*Abies alba*）和松树（*Pinus* spp.）林树芯及树盘的研究中，发现极窄树轮与夏季干旱有关，准确定年的树轮资料显示：20 世纪 40 年代尤其是 1942 年、1944 年和 1947 年的树轮较窄，而之后发生了森林衰退现象，树木的死亡率上升。结果表明，树木年轮可以反映森林衰退发生的时间。随着树木年轮学的发展，科学家已开始尝试利用树轮来诊断历史时期的森林衰退并预测未来气候下哪些森林会有衰退发生的危险。Williams 等（2013）在 *Nature Climate Change* 上发表的论文报道了该方面的研究，他们利用覆盖美国西南部 335 个采样点的树轮宽度数据建立了一个大区域年际森林干旱胁迫指数序列，跨越公元 1000～2007 年；研究发现该指数的极端低值期间不仅很好地描述了发生在 2000～2012 年、1945～1964 年和 1899～1904 年有文献记载的森林衰退现象，而且揭示了过去 1000 年无文字记载时期的森林衰退现象，如发生在 1572～1587 年的森林衰退；基于未来的温度和降水变化情况，计算出在 2050 年时森林干旱胁迫指数将会超出过去 1000 年来最干旱的情形，进而预测该区森林将会出现大的衰退现象。

在我国，北京大学刘鸿雁等利用树木年轮研究了气候变暖背景下半干旱地区的树木生长衰退，认为升温引发的林火及虫害事件的增加是中国半干旱地区树木衰退的主要原因（Liu et al.，2013）。中国科学院青藏高原研究所梁尔源等研究了青藏高原东北部地区不同海拔的青海云杉（*Picea crassifolia* Kom.）林，认为气候变暖导致了树木生长衰退并使得树木死亡率上升（Liang et al.，2016a）。中国科学院植物研究所（以下简称中科院植物所）汪舟和方欧娅（2017）对山东蒙山地区森林衰退的研究发现，森林冠层绿度的变化引发了树木径向生长的变化，但当衰退发生后，两者同时受到外界气候环境胁迫的作用更为显著。值得注意的是，虽然判断森林衰退总的思路是分析树木生长受到抑制的程度、时间长短和空间范围（Amoroso et al.，2012），但目前国内外尚没有针对树木生长衰退的统一鉴定方法。我们在青藏高原森林衰退的树轮生态学实践中利用不同方法开展了研究。

4.2　青海省曲麻莱县过去三个半世纪森林衰退历史

4.2.1　研究区概况与树轮数据

三江源国家公园是我国首个国家公园体制试点。依据曲麻莱县气象站点 1958～2018 年的观测数据，该区年均气温为–1.89℃，年总降水量 412.7mm，是典型的高原大陆性气候。在曲麻莱县大果圆柏（*Juniperus tibetica* Kom.）成熟林中（33°36′N～35°40′N、92°56′E～97°35′E，海拔 3900～4100m）选择树龄较老的树（图 4-1）采集了 50 棵树芯样本。在实验室经过样本的前期处理、树轮宽度测量、交叉定年的年表建立，获得了样本的基本统计信息（表 4-1）。树芯序列间平均敏感度为 0.162，序列间平均相关系数为 0.451，以树轮样本 EPS 值大于 0.85 的 1645 年为起始年分析该地区森林衰退历史。

4.2.2　曲麻莱县森林衰退历史

为了鉴定树木衰退，我们采用下列公式计算了树轮宽度指数序列在 20 年时间尺度上的变化百分率（Payette et al.，1990；Nowacki and Abrams，1997）

$$\%GC_i = [(M_{i+1,\, i+11} - M_{i-10,i}) / M_{i-10,i}] \times 100\%$$

式中，$\%GC_i$ 为树木在第 i 年表现出的前后各 10 年生长变化率，$M_{i+1,i+11}$ 和 $M_{i-10,i}$ 分别表示树木在第 i+1 到第 i+11 年及第 i–10 年到第 i 年的树轮指数平均值。生长变化率为负值，表示树木生长受到抑制，当生长变化率低于–25%时，表示该时期发生了树木生长衰退。

图 4-1　曲麻莱县一棵大果圆柏及其生境

表 4-1　曲麻莱县大果圆柏树轮统计特征

项目	数值
样本量（棵）	50
主序列长度（区间）（年）	372（1645～2016 年）
样芯平均长度（年）	318
平均敏感度	0.162
序列间平均相关系数	0.451
信噪比	18.207

依此方法发现，树木生长变化百分率在 1686～1687 年和 1815～1817 年低于 –25%，表明此后 10 年发生了树木生长衰退，衰退时期分别为 1686～1697 年和 1815～1827 年（图 4-2）。两次衰退事件的发生时期距今都有相当长的时间，20 世纪以来，曲麻莱县大果圆柏的生长存在趋好的状况。

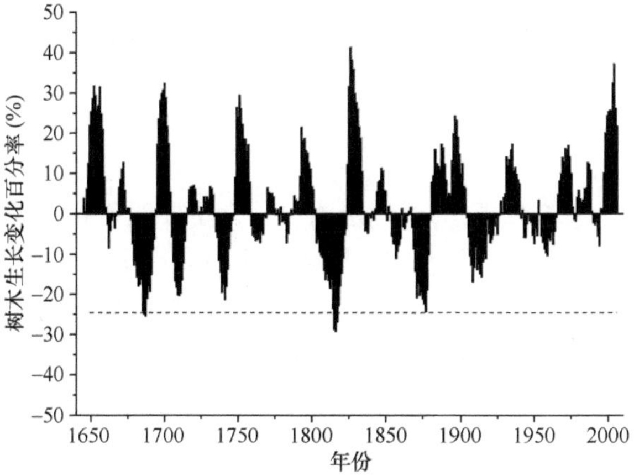

图 4-2　过去 372 年曲麻莱县大果圆柏树木生长变化百分率

4.2.3　曲麻莱县森林衰退原因探讨

研究区树木生长与 5 月、6 月降水呈显著正相关，与同时期温度呈显著负相关，与前一年 10 月温度呈显著正相关（图 4-3）。对青藏高原的相关研究指出，17 世纪末至 18 世纪初为小冰期中的极冷时期（Ge et al.，2003；Liu et al.，2005）。曲麻莱县 1686～1697 年的森林衰退事件很可能与低温及伴随的水分利用效率降

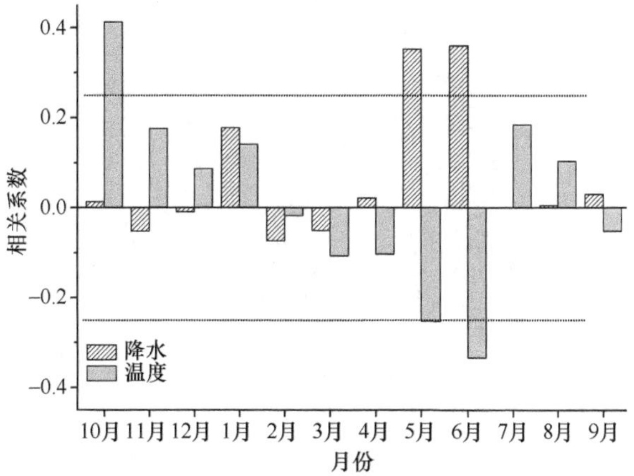

图 4-3　曲麻莱县大果圆柏生长与温度和降水的相关关系

低有关（Gale，1972）。1815～1827 年的森林衰退则可能与 1815 年印尼 Tambora 火山爆发及气候的水热条件改变有关，火山爆发后大气气溶胶浓度的增加导致全球降温的同时也可能削弱了季风的强度而造成水分补给减少，树木生长受到抑制并引发森林衰退（Stothers，1984；Harington，1992；Cole-Dai et al.，2009）。

4.3 青海省囊谦县过去四个世纪森林衰退历史

4.3.1 研究区概况与树轮数据

囊谦县位于青海省南端，与西藏自治区昌都市及四川省甘孜藏族自治州接壤，研究区平均海拔 4000m 以上，以唐古拉山西北-东南走向的支脉构成地形整体。据 1957～2017 年囊谦县气象站记录，该地年平均温度为 4.0℃，最冷月为 1 月，月平均温度为–6.5℃，最热月 7 月，月平均温度为 13.2℃。年总降水量为 520mm，且约 80%的降水集中发生在 6～9 月。

在囊谦县东坝乡（32°12′N、96°28′E，海拔 4600m）的大果圆柏成熟林中选择老龄树采集了 29 棵树的树芯样本（图 4-4），经过实验室对树轮宽度的测量和交叉定年得到树轮数据（表 4-2）。对树轮年表与气候因子的相关分析显示，树木的生长主要受到生长季水分条件的影响。

图 4-4 囊谦县东坝乡树轮采样地实景

表 4-2　囊谦县东坝乡大果圆柏树轮采样信息

项目	数值
样本量（棵）	29
主序列长度（区间）（年）	542（1460～2001 年）
样芯平均长度（年）	335
总缺轮数	31
平均敏感度	0.274
序列间平均相关系数	0.667
信噪比	3.546

4.3.2　囊谦县森林衰退历史

树木生长衰退被定义为同时满足以下 4 条规则。

1）树木年轮指数至少持续 9 年小于 1。

2）在衰退时间段，平均树轮指数低于 0.7。

3）在衰退时间段，至少存在 2 年树轮指数低于 0.5。

4）在衰退时间段，至少存在 1 株未衰退的树。

以此为依据，判断历史时间段上发生衰退的树木，进而统计每年发生衰退的树木的比例。当某个样地在某一时间段超过 25%的树木发生衰退，判定为森林衰退事件。

过去 4 个多世纪以来，囊谦县东坝乡的森林衰退主要发生了两次，分别在 1817～1830 年及 1969～1999 年（图 4-5）。最近的森林衰退（1969～1999 年）是我们已知历史中最为强烈的一次，衰退树木的百分比是 1817～1830 年的两倍(图4-5)。

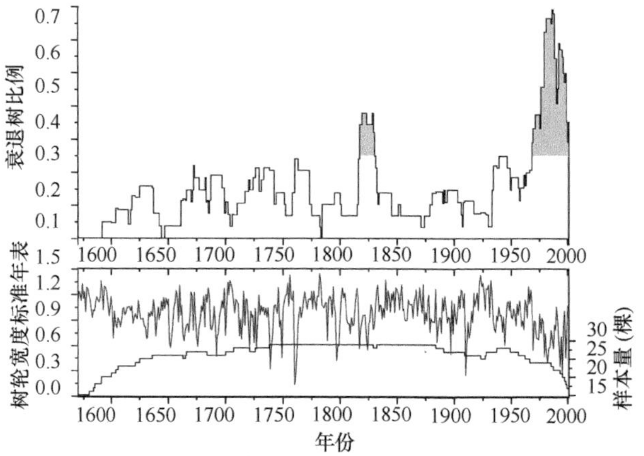

图 4-5　囊谦县东坝乡森林衰退历史

森林衰退事件发生时，并非所有树木均表现显著的生长活力下降，衰退树的生长指数平均值显著低于非衰退树（图 4-6）。这一方面是由于树木个体间的健康程度是相异的，另一方面当部分树木生长衰退时，其邻近树木可能受到的竞争减弱而仍保持健康生长状态。若所有树木的生长量均降低，则环境胁迫的程度非常强烈。

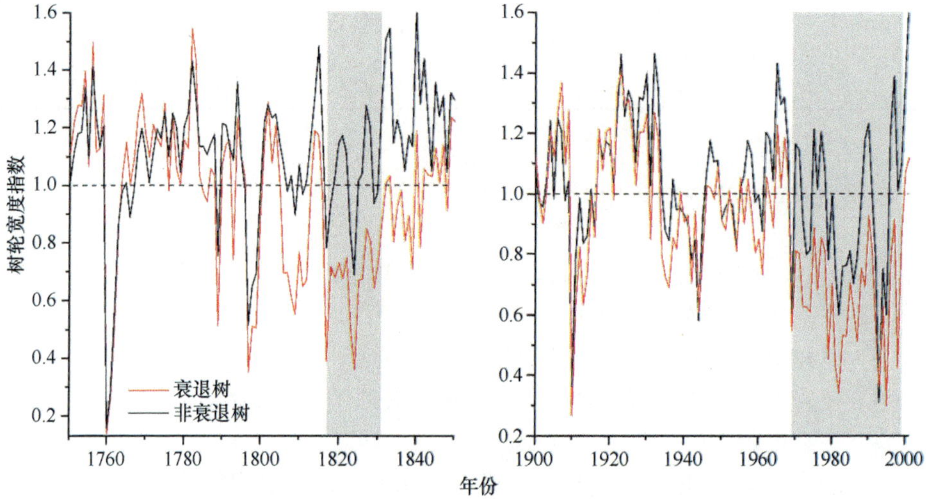

图 4-6 衰退树和非衰退树平均树轮宽度指数对比

灰色柱状分别表示 1817～1830 年及 1969～1999 年森林衰退事件

4.3.3 囊谦县森林衰退原因探讨

囊谦县大果圆柏的生长受到生长季水分条件的限制作用，因此，干旱可能是引起森林衰退的主要原因之一。由于青藏高原水分条件有转好趋势，因此近期出现的森林衰退可能与全球变暖导致的干旱频率增强有关。青藏高原科学数据中心（Third Pole Environment Database）资料[①]显示，20 世纪 70 年代以来，囊谦县发生了 10 多次严重干旱。在干旱条件下，树木关闭叶片气孔以防止水分散失，光合作用减弱，同时干旱期间的高温条件会加剧蒸发蒸腾，增加树木的呼吸作用，导致碳饥饿（Bréda et al.，2006；Adams et al.，2013）。在高温和频繁干旱作用下，树木生长量显著降低甚至出现缺轮，表现为生长衰退。

与囊谦县最近森林衰退的同一时期，其他地区也有森林衰退的报道，如青藏高原东北部祁连山森林植被指数及基面积增量在 20 世纪后期出现了大幅度下降（Li et al.，2015）。近几十年以来，青藏高原东北边缘青海云杉的树轮缺轮率显著

① 资料来源：http: //www.tpedatabase.cn

提升，部分地区出现了森林死亡现象（Liang et al.，2016a）。我们于 2013 年在西藏墨脱县的野外考察中也发现了森林衰退现象（图 4-7）。

图 4-7　西藏墨脱县的森林衰退景观

4.4　青藏高原 18 世纪末森林死亡事件

4.4.1　研究区概况与树轮数据

森林死亡是森林衰退的一个极端现象。近年来，气候变化导致干旱程度加剧或频率增加，全球各地出现了越来越多的森林死亡事件（van Mantgem et al.，2009；Michaelian et al.，2011；Peng et al.，2011；Luo and Chen，2013，2015；McDowell and Allen，2015），但是对于曾经发生过的森林死亡事件及生态影响的研究还非常薄弱。我们利用树轮中的生长历史信息研究了青藏高原东北部过去的森林死亡事件，研究区北至祁连山北缘，南至三江源地区。该区气候寒冷，降水较少且集中在 4～8 月。森林分布在高原山地，以北部的祁连圆柏（*Juniperus przewalskii* Kom.）和南部的大果圆柏为主要树种。我们在区域内 11 个点共采集到 469 棵树的树芯样本，采样点海拔为 3000～4500m（图 4-8），未受到或极少受到人类活动的影响。采样时未见树木有明显火灾和虫害的痕迹，树木之间的平均距离约 5m，相邻树木之间的距离在 0.5～7m（图 4-9）。

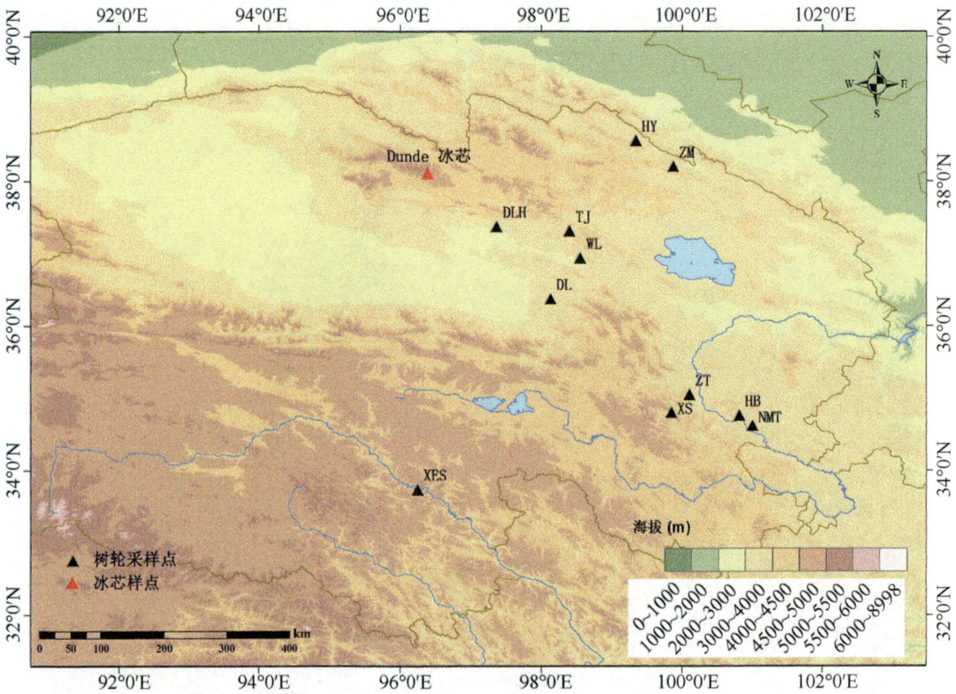

图 4-8　青藏高原东北部 11 个柏树树轮采样点位置分布图

图 4-9　青海省都兰县树轮采样点实景

对树芯样本进行测量、交叉定年和去除生长趋势后，得到各样本的树轮宽度指数序列，这些序列构成后续分析的基础数据。将各样点树轮指数序列按年份平均后得到样点树轮宽度标准年表。各地树轮宽度标准年表与 5～6 月 scPDSI 呈现显著相关（表 4-3）。

表 4-3　青藏高原北部 11 个柏树树轮采样点信息

样点	纬度（°N）	经度（°E）	海拔（m）	时期（A.D.）	棵数（棵）	平均序列相关	年表与 5～6 月 scPDSI 相关
XES	33.73	96.25	4234	1600～2008	40	0.639	0.52
NMT	34.62	101.00	3575	1425～2008	34	0.519	0.25
HB	34.76	100.81	3320	1377～2005	24	0.496	0.36
XS	34.80	99.84	3644	1204～2005	26	0.645	0.52
ZT	35.05	100.10	3831	1438～2008	31	0.553	0.27
DL	36.37	98.13	3610	157～2000	68	0.712	0.58
WL	36.94	98.55	3640	1322～2001	22	0.584	0.32
TJ	37.31	98.40	3500	943～2003	27	0.685	0.66
DLH	37.37	97.37	3820	951～2001	37	0.757	0.62
ZM	38.20	99.87	3400	432～2008	91	0.608	0.47
HY	38.57	99.33	3300	56～2009	69	0.582	0.45

注：年表与 scPDSI 的相关系数计算年份区间为 1953～2000 年

4.4.2　青藏高原过去 400 年中的森林死亡事件

为鉴定森林死亡事件，我们计算了每棵树的树轮指数序列在 5 年滑动窗口上的斜率值，统计同一窗口内所有斜率值的标准差，该标准差大的时期表明森林内树木生长出现了异常。同时，我们按照下式比较了每棵树后 5 年与前 5 年的生长变化（Nowacki and Abrams，1997）：

$$\%GC_i = [(M_{i,i+4} - M_{i-5,i-1}) / M_{i-5,i-1}] \times 100\%$$

式中，$\%GC_i$ 表示树木在第 i 年表现出的后 5 年与前 5 年的生长变化率，$M_{i,i+4}$ 和 $M_{i-5,i-1}$ 分别表示树木在第 i 到第 i+4 年及第 i–5 年到第 i–1 年的树轮指数平均值。当生长变化率超过 75%，即判断该树木存在生长释放，即由树间竞争消失等造成的树木生长速率突然增快现象（Szwagrzyk and Szewczyk，2001；Bretfeld et al.，2015）。

树轮指数斜率值标准差数据显示，过去 400 年中最大的差异存在于区间 1796～1800 年（图 4-10a）。树木生长释放率数据显示，该时期也是树木生长释放最高的一次，有 26.4%的树木发生了生长释放（图 4-10b）。特别需要指出的是，这一时期的树木生长释放现象在青藏高原东北部是大范围出现的，在 11 个树木年轮采样点均有发生。

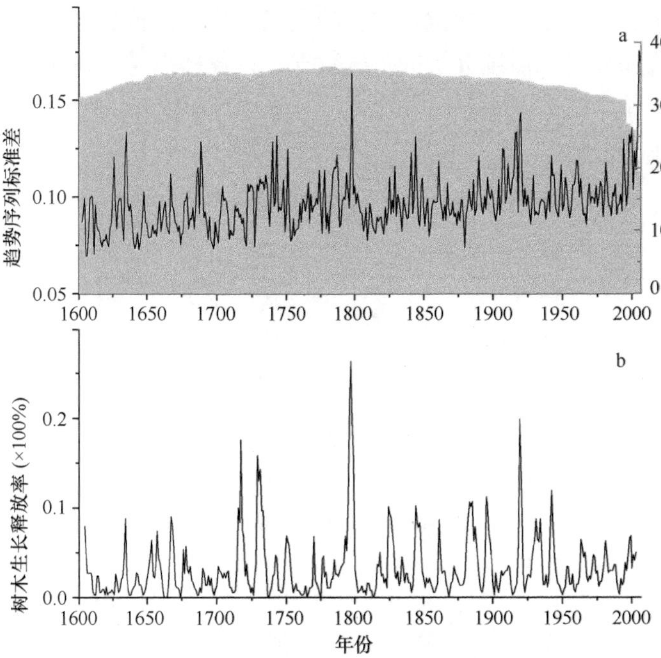

图 4-10　青藏高原东北部树轮变化异常期鉴定
a 为斜率标准差序列及样本量；b 为生长释放率序列

尽管气候环境的变化可以引发树木生长量的迅速上升或下降，但在没有或极少有人为干扰的青藏高原地区，森林树木间生长趋势有较大差异并伴随较高的生长释放，这很可能是树木死亡导致的竞争减弱或消失。与死亡树木邻近的树木由于可利用的空间、水分、营养物质的增加而发生生长释放（Niu et al.，2014；Allen et al.，2015），尤其在土壤贫瘠的地区，这种作用更加显著（Shahmaghsood et al.，2013）。

尽管在干旱半干旱地区树木之间的距离较远，但有证据显示，该地区柏树具有十分发达的水平长根系统（Kramer，1989；Yang et al.，2014b），而水分条件较差的地区通常树木根系更加发达（马仁义，2009），因此树木死亡对周边树木会产生影响。综上证据表明，18 世纪末青藏高原东北部发生过一次较大范围的森林死亡事件。

4.4.3　18 世纪末森林死亡事件的原因

发生生长释放的树木在前 19 年中存在显著的生长下降趋势（图 4-11），由于采样点的树木生长与 5～6 月水分条件呈正相关关系，我们推测长时期的干旱条件可能是造成生长下降趋势进而诱发这次森林死亡事件的最主要原因。

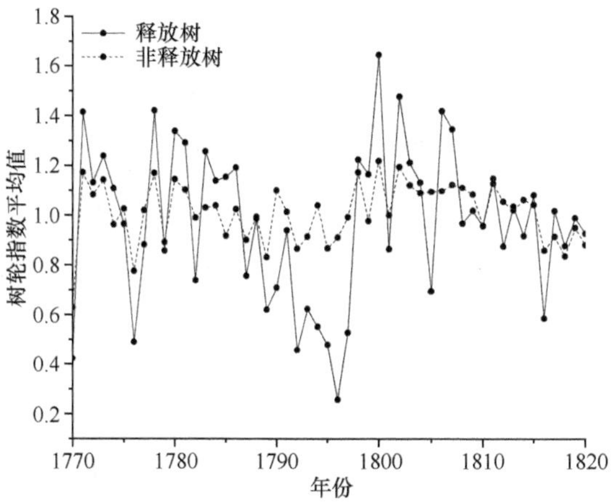

图 4-11　森林死亡事件中释放树与非释放树生长状况

全球多地区由干旱引发的树木死亡案例均与植物的水分利用有关（Williams et al.，2014；Anderegg et al.，2016；Mcdowell et al.，2016；Moore et al.，2016；Young et al.，2016；Hember et al.，2017）。18 世纪末青藏高原的干旱在多个气候代用指标当中显示，如石笋（Fleitmann et al.，2004；Tan et al.，2017）、湖泊沉积物（Henderson et al.，2010）、冰芯资料（Thompson et al.，2000，2012）。干旱区的树木持续水分缺失时受到更强的胁迫而具有更高的树木死亡率（Liang et al.，2003，2016a；Cailleret et al.，2014）。在我们的研究区，以事件发生年与前期的树轮指数比例作为胁迫参数，那么在前期受到胁迫越大的地区，释放树的比例越大，即树木死亡率越高（图 4-12）。这符合我们对于森林生态弹性的一般理解，在森林无法抵抗外界的压力时，抵抗力达到阈值，森林生态系统发生转变以达到新的平衡态。这一过程中表现出的是树木的大量死亡及森林结构的变化。

4.4.4　18 世纪末森林死亡事件的后果

青藏高原北部的敦德（Dunde）冰芯记录（Thompson et al.，2012）显示，在过去 400 年中，1800～1809 年冰芯中存在异常高浓度的粒径 2.0～60μm 不溶性微粒，反映了 19 世纪初有沙尘暴发事件（图 4-13）。

18 世纪末大范围的森林死亡可能是加重这次沙尘强度的原因之一。青藏高原森林为高原及周边地区提供关键的生态服务，当森林发生大范围死亡时，森林防风固沙的功能被削弱（Shen et al.，2015；Ellison et al.，2017），而同时无法迅速恢复的森林生态系统改变了水循环过程（Ellison et al.，2017），生态服务功能受到严重影响，从而影响着人类生存的环境（Ponce Campos et al.，2013；Mokria et al.，2015；Trumbore et al.，2015；Ruiz-Benito et al.，2017）。在中国古代文献的记录

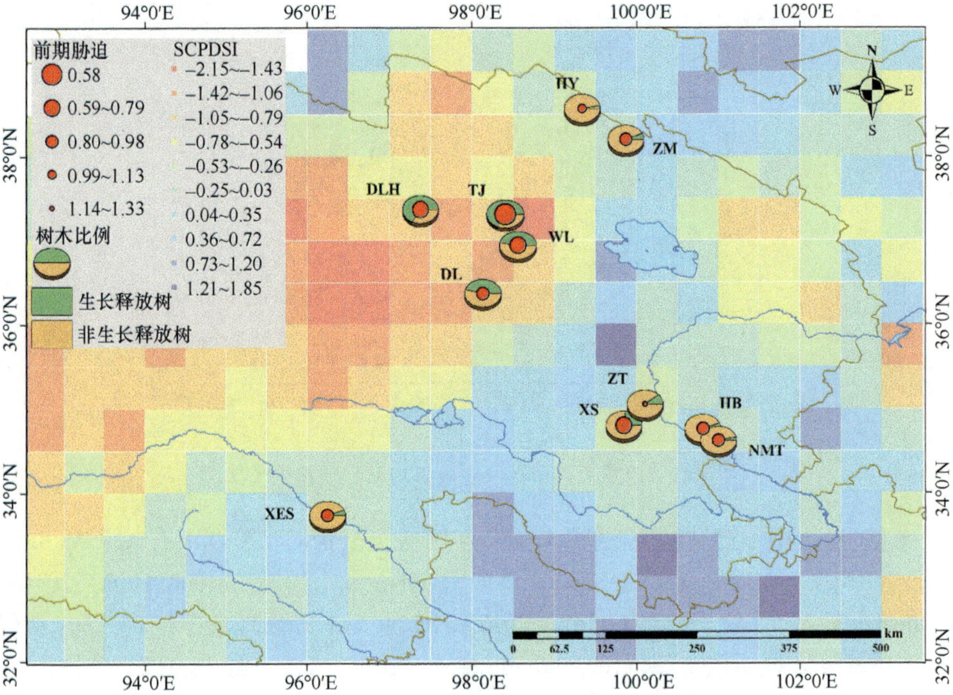

图 4-12　18 世纪末青藏高原东北部树轮异常空间图

树木异常以生长释放与非生长释放的树木个体比例表示，

前期胁迫以红色圆圈大小表示，干旱程度以背景方格颜色表示

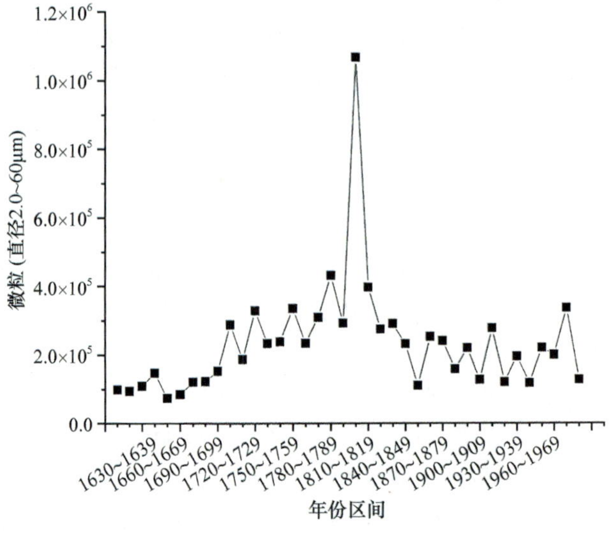

图 4-13　Dunde 冰芯记录的 10 年分辨率微粒数据

中（张生寅和杜常顺，2014），康乾盛世后，青海一些地区存在一段时间的社会动荡，这可能与当时较差的植被生长所反映的作物和饲料产量短缺有关，显示 18 世纪末期森林死亡所反映的环境恶化状况在当时是严峻的。

4.5　树木生长衰退鉴定方法

利用树木年轮数据分析生长衰退的传统方法是计算事件后若干年与事件前若干年树轮指数平均值的比率，如果该生长变化率持续处于低值，则表明树木生长受到抑制，是树木生长衰退的前期信号，而长时期的生长抑制可以引发衰退事件的发生（Amoroso et al.，2012）。在本书 4.2 节对青海省曲麻莱县大果圆柏树轮宽度年表的研究中，我们使用该方法计算了后 10 年与前 10 年树轮指数平均值的比率，发现过去 350 年中出现了两次森林衰退事件。在 4.3 节对青海省囊谦县大果圆柏树木生长的研究中，我们直接考察了同一时期树轮指数连续 9 年处于低值的树木个体数，发现在过去 4 个多世纪中这样的树木个体数有两次较多的时期，表现出森林衰退现象。在 4.4 节对空间大尺度 11 个样点的树木生长研究中，又通过考察树轮宽度在 5 年的变化趋势及生长释放，指出在过去 4 个世纪中的 18 世纪末期出现了森林死亡现象。尽管在这些研究中使用了不同的方法，但我们认为其核心均是通过分析树木出现长期异常生长而鉴定树木出现生长衰退事件。

第5章 青藏高原高山林线树木年轮研究

高山林线的树木生长和更新对气候变化响应敏感，被称为气候变化的“监测器”（Körner and Paulsen，2004），是全球变化生态学领域的研究热点。青藏高原高山众多、地形复杂、气候空间差异大，不同地区、不同树种形成了多样的林线类型，是高山林线的理想研究区。本章首先介绍高山林线的概念和主要科学问题，进而重点介绍青藏高原高山林线在树木生长、树木更新、林线位置移动等方面的树木年轮研究进展。

5.1 研究背景

5.1.1 高山林线的概念

在高山地区，随着海拔的上升，生境条件对树木生长的限制作用加剧，导致在一定海拔以上树木不能够维持其生长和更新，森林的这一海拔上限被称为高山林线（alpine treeline）（Griggs，1946；Wardle，1974；Tranquillini，1979）。在实际研究中，林线的概念主要包含以下三个方面的内容。

第一，林线是郁闭森林的上限，郁闭度在不同研究中取值不同，常用的标准有森林盖度低至40%（Pott et al.，1995）或20%（Larsen，1965；Kullman，2001）。在该边界之上，郁闭森林转为开阔林或灌丛、草地等非林地。然而在自然状态下，森林郁闭度在林线处并不是突然下降的，因而在森林上限处不容易划定这条林线的具体位置。也有不考虑连续郁闭森林的，而将分布在山坡最高处的系列森林斑块连线称为林线（Körner，1998）。在林业生产管理实践中，具有一定密度的森林才符合木材作业，因此这样的森林上限也被称为林线（timberline）。

第二，林线树木应具有一定的树高，树高在不同的研究中取值也不同，常用的标准有树高低至3m（Larsen，1965；Kullman，2001）或者2m的（Berdanier，2010）。在林线之上，因气候、土壤或干扰等因素，树木高度较低，因而林线也是一种树木生活型的边界（Körner，2012）。

第三，林线以上并非没有树木，而是森林郁闭度逐渐降低，直到树木个体分布的最上限。该树木个体（包括低于2m的个体）所在位置的水平线称为树种线（tree species line）（Wieser，2012），林线以上到树种线以下的区域为林线生态过渡带（treeline ecotone）（图5-1），包括树岛（tree island）、孤立木和矮曲林（krummholz）。

生态过渡带有时很宽，达近百米，有时则可以很窄（Bliss，1985；Holtmeier，2009）。

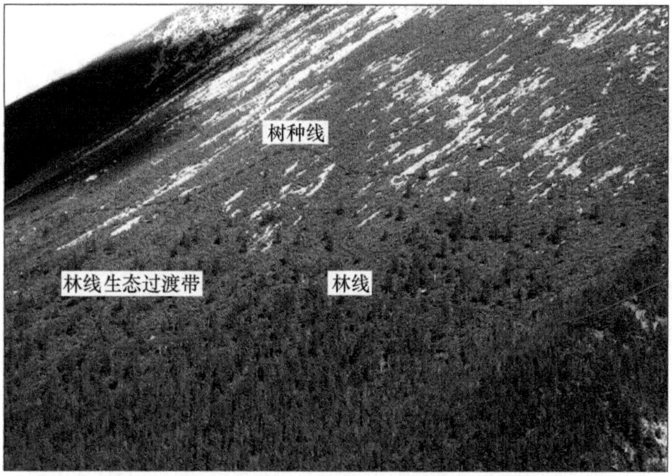

图 5-1　昌都市类乌齐县滨达乡川西云杉林线

在野外从山下远处看，森林上限像具有一条明显的边界，即林线（不一定是水平直线），但走入森林上限之后往往很难找到这样一条清晰的边界线。这是因为在自然状态下，森林郁闭度与树木高度在林线处通常都不是突然下降的，当由远到近走入森林上限之后，观察的空间分辨率加大，这时几乎没有精确的森林上限边界。因为具有明确森林上限边界的林线多来源于较粗空间分辨率的远处观察，这时看到的林线实际上相当于林线生态过渡带，所以有研究者将林线定义为林线生态过渡带。

根据林线生态过渡带内树木及其空间分布的特征，可将林线生态过渡带划分为 4 种类型（以较粗空间分辨率远处观察时，也可称为林线类型）（Harsch and Bader，2011）：①渐变型（diffuse），区内树木密度和树高随着海拔升高逐渐降低，直至树木分布上限；②突变型（abrupt），区内树木密度和树高在林线位置急剧降低，使林线成为一条划分森林上限与其上灌丛或草甸的截然界限；③岛条型（island），区内树木呈岛状或条状分布；④矮曲林（krummholz），区内树木低矮（低于 2m）、树干变形或有多树干。

根据高山林线的成因，可以将其划分为三种类型（Körner，2012）：①气候型林线，林线的形成和动态主要受到气候波动的控制与影响；②地形林线，林线分布的位置受到高山地形因素的限制，如悬崖陡坡限制了森林分布的海拔而形成的天然林线；③干扰型林线，林线的形成与动态主要受到自然或者人为干扰的影响，如雪崩、放牧或火影响下而形成的森林分布上限。

在全球水平上，林线的海拔总体随纬度降低而增高，在西藏昌都八宿县，大果圆柏（*Juniperus tibetica* Kom.）林线分布到海拔 4900m，是目前发现的北半球最高林线（Miehe et al.，2007；Lyu et al.，2019）。南半球的最高林线发现于南美洲的安第斯山脉，海拔高达 5200m（Körner，2012）。在我国，王襄平等（2004）通过研究我国高山林线的分布高度沿纬度、经度的变化格局及其与温度和降水等气候指标的关系，指出在 30°N 以北，高山林线高度随纬度升高而下降，下降速率为每 1°下降 112m 左右；在 30°N 以南，则表现出较大的东西部差异：东部高山林线高度变化不明显，西部则受青藏高原的地理格局控制，在藏东南出现高值中心，向周围降低。

5.1.2 高山林线研究的科学问题

国际上对高山林线持续关注，并已在高山林线研究中取得了大量成果。在近一个世纪前的早期认识中，最暖月份均温 10℃被认为是限制高山林线海拔的一个重要阈值（Köppen，1919，1936）。随着环境监测手段的进步，Körner 和 Paulsen（2004）对全球主要高山林线实地温度监测数据进行了综合分析，指出生长季平均温度是决定高山林线位置的一个重要因素，在全球范围内遵循（6.7±0.8）℃这一阈值。王襄平等（2004）对中国境内高山林线的研究进行了综合分析，也指出温度是影响林线位置的主导气候因子，其中，林线环境年生物温度（annual biotemperature，ABT = $\sum ti/12$，ti 为大于 0℃的月均温，如果 $ti > 30$℃，则计为 30℃）为 3.5℃，温暖指数［warmth index，WI = $\sum(ti-5)$，ti 为大于 5℃的月均温］为 14.2℃，生长季（均温>5℃的月份）平均温度为 8.2℃。

在对低温如何影响林线形成的假说中，当前国际上主要有生长限制假说（Shi et al.，2006；Hoch and Körner，2012；Dolezal et al.，2019）和碳源限制假说（Schulze et al.，1967；Li et al.，2008）。生长限制假说认为林线树木光合产物充足，但低温限制了树木将光合产物用于组织生长，主要证据是发现林线树木组织内非结构性碳（NSC）含量高于林线以下树木（Körner，1998；Shi et al.，2006）。碳源限制假说则认为树木在林线低温环境下光合产物不足以满足树木呼吸和维持代谢的需求，主要证据是非结构性碳含量在林线树木组织内低于在低海拔树木个体内（Li et al.，2008）。

除温度因子外，湿度、风速、地形、自然或人为干扰因子也都会影响高山林线的形成和维持。例如，Smith 等（2003）提出繁殖更新障碍假说，认为由于授粉、种子生产、扩散或萌发受阻，以及幼苗存活率低等，高山林线以上树木无法定植。此外，广泛应用的林线形成假说还包括环境胁迫假说（Tranquillini，1979）和干扰限制假说（Holtmeier，2009）。环境胁迫假说指林线处于寒冷而较短的生长季，导致低温、冻害，使树叶表皮组织生长不充足，导致树叶在春、冬季当土壤冻结时易于处于干旱，从而限制树木的生长和存活。干扰限制假说指树木在风、雪、火等干扰的影响下受到的直接机械伤害及真菌病害下难以生存，从而形成森林上限。可见，高山林线的形成和维持机制较为复杂，具有较强的区域性（Berdanier，2010）。

除林线形成机制外，高山林线如何响应气候变暖是另一个亟待解决的关键科学问题。全球气温自第一次工业革命结束后显著升高，尤其是在高纬度或高海拔地区（Pepin et al.，2015），其增温幅度高于全球均值。据报道，青藏高原自 20 世纪 60 年代后几十年内的升温速率超过全球同期平均值的两倍（Wang et al.，2008a）。高山林线是高山景观内一条明显的植被边界和生态过渡带，对气候变化非常敏感（崔海亭等，2005；Körner，2012）。气候加剧变暖驱动下高山林线动态如何响应成为全球变化研究中的热点（Körner，2012）。

根据温度限制理论，全球变暖会驱动高山林线位置向高海拔移动（Körner and Paulsen，2004）。Harsch 等（2009）综合分析了全球林线位置变化的研究报道，指出近 50%的林线海拔位置向高海拔爬升，49%的林线位置无明显变化，1%的林线出现了位置下降的现象。由于林线位置移动是一个受树木授粉、种子形成、传播、幼苗存活等多个阶段共同控制的复杂过程，因此可能对气候响应存在一定的滞后效应（Körner，2012）。相比而言，树木生长速度和活力的变化要更加敏感（Paulsen et al.，2000）。林线树木生长对气候变暖的响应与林线位置动态类似，也有较大的地区和树种差异，既存在树木生长加快的报道（Salzer et al.，2009；Qi et al.，2015），又存在干旱胁迫增加导致生长减慢（Lyu et al.，2019），甚至诱发森林衰退的情形（Liang et al.，2016a）。由此可见，包括树木更新、生长和位置变化在内的林线动态对气候变暖的响应方式呈多样化的格局，为了合理准确地预测未来林线动态变化，需要学者在不同环境和典型区域内开展广泛、系统性的研究。

青藏高原平均海拔高、日照强烈、高山河谷交错、地形地貌多样，气候、植被、土壤、自然干扰等情况较为复杂，高山林线呈现多样化特征，是林线生态学研究的立项场所。目前，尚缺乏针对青藏高原林线动态的总结和梳理，一些关键科学问题尚无系统的回答。例如，气候变暖是否会导致高原林线树木生长速度加快、树木更新增强、林线位置向上爬升？青藏高原高山林线的时空格局有何特点？影响其格局变化的生态过程是什么？在接下来的三小节中，将对以上问题的研究现状和主要进展进行梳理。

5.2　高山林线的树木生长

5.2.1　海拔梯度上的树木生长及其对气候的响应

树木生长及其对气候的响应随林地海拔的变化而发生变化。通常认为，在低海拔地区，水分和树间竞争等因子对树木生长有较大的限制作用（Schweingruber，1996；Guarin and Taylor，2005）；随着海拔的升高，温度呈现递减梯度，即当海拔上升 1km，温度下降 5～6.5℃（Jump et al.，2009），在林线区域，温度成为限制树木生长的主要因子（Körner，1998）。

在青藏高原，符合这一规律的有诸多研究报道。例如，在柴达木盆地东部山区，Yin 等（2016）对低海拔和高海拔地区祁连圆柏（*Juniperus przewalskii* Kom.）的研究发现，低海拔地区树轮宽度序列中包含较强的降水变化信号，而高海拔地区树轮宽度变化中包含降水和温度双重信号，尤其是在低频变化趋势上，温度信号更为显著。类似地，刘晓宏等（2004）也发现祁连圆柏树木生长在森林上限主要与温度变化呈正相关。在祁连山地区另外一个树种的研究中，Zhang 等（2017a）对青海云杉（*Picea crassifolia* Kom.）生长与主要气候因子的关系进行了分析，发现低海拔地区的树木生长与生长季降水呈正相关关系，而在高海拔地区，树木生长对降水量变化的响应较弱，主要受温度变化的影响。在青藏高原东南缘的横断山脉，Fan 等（2009a）对海拔 3200～4200m 云杉、冷杉的树轮生态学研究表明，高海拔地区树木生长受益于夏季温度的上升，中海拔树木生长对冬季低温更为敏感，而在低海拔地区，树木对温度的敏感性显著下降，对春季水分条件更为依赖。在该地区的另外一项研究中，Panthi 等（2018）发现长苞冷杉（*Abies georgei* Orr）生长随着海拔上升对温度变化的响应增强，生长量呈明显的降低趋势。

在青藏高原南缘的日喀则地区，Lv 和 Zhang（2012）对珠穆朗玛峰自然保护区内的喜马拉雅冷杉[*Abies spectabilis* （D. Don） Spach]森林进行了树轮生态学调查，结果显示，冷杉径向生长在高海拔带主要受温度控制，在低海拔带则主要受湿度条件控制（图 5-2）。上述不同地区、不同树种的海拔梯度研究表明，“高海拔温度限制-低海拔水分限制”的树木生长-气候关系格局在青藏高原的高山森林中广泛存在。

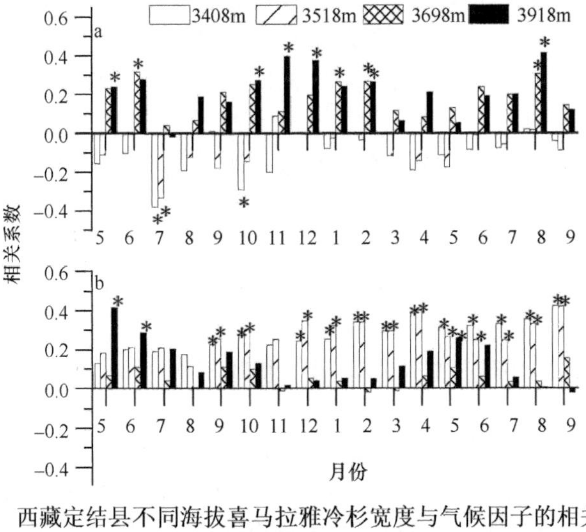

图 5-2　西藏定结县不同海拔喜马拉雅冷杉宽度与气候因子的相关系数

a 为月平均气温；b 为月干旱指数 PDSI；*表示显著性达到 95%置信水平

沿海拔梯度也存在较为一致的“树木生长-气候”关系。一方面，在相对湿润的环境中，树木生长在不同海拔带上都受到温度限制。例如，藏东南色季拉山的长苞冷杉树木生长在不同海拔梯度上主要受到温度限制（Liang et al.，2010）。另一方面，在相对干燥的环境中，树木生长在不同海拔带上都受到水分限制。例如，Yang 等（2013）研究了祁连山从森林下限到上限祁连圆柏 4 个样点的树木生长，发现降水在所有样点不同海拔上均起到了限制因子的作用。Gao 等（2013）在对祁连山森林样方内树木生长的研究中，也未发现随海拔升高树木生长对温度更敏感、对水分不敏感的现象。He 等（2013a）在对那曲地区索县和嘉黎县 4 个 4005～4485m 海拔梯度上大果圆柏径向生长的研究中指出，生长季初期水分条件是不同海拔上树木生长的限制因子，海拔梯度上温度的变化对树木生长与气候关系的影响不明显。以上研究丰富了“树木生长-气候”关系在海拔梯度上的变化特征，尤其是水分因子对整个海拔梯度上树木生长的限制作用，引发了研究者对传统观点的质疑和进一步的研究讨论。

在海拔梯度上，除对树木生长与温度和水分的关系进行研究之外，在树木生长的气候响应稳定性、树种间的生长异质性、个体差异性等方面也有研究报道。在青藏高原北部的柴达木盆地东缘，Zhang 和 Wilmking（2010）在对森林上限青海云杉的研究中发现，树木生长对气候的响应在 20 世纪后期以后产生了分异：部分树木对温度的敏感性降低，树木生长响应多样化，可能与显著升温导致的水分供应不足有关联，树木的遗传或生存微环境差异也可能使得树木生长对气候产生不同的响应（Wilmking and Singh，2008；Zhang and Wilmking，2010）。需要说明的是，这种响应分异现象并没有发生在森林下限的树木生长中，凸显了林线环境的复杂性和树木的敏感性。Gou 等（2005）调查了祁连山不同海拔梯度上青海云杉的生长历史，发现树木生长对环境变化的敏感性随海拔上升而下降，可能与树木功能性状如叶面气孔密度有关。在祁连山的另一项研究中，Gao 等（2017）发现不同树种在海拔梯度上的生长响应有所不同：青海云杉树木生长与气候的关系在不同海拔上类似，而祁连圆柏在不同海拔上则表现出不同的生长模式。树木生长除较大的种间差异外，种内个体间差异也不可忽略。在青藏高原东南部的八宿县，Lyu 等（2016b）研究了沿海拔梯度川西云杉（*Picea likiangensis* var. *rubescens*）树木年轮宽度的平均年增长率、平均敏感度，以及树木个体之间的生长一致性，结果表明：与低海拔相比，高海拔树木的生长并没有显著变慢、变敏感，个体间生长也并没有变得更加一致（图 5-3）。这些研究结果与传统的认识有所不同，强调了树木生长沿海拔梯度上变化的复杂性。

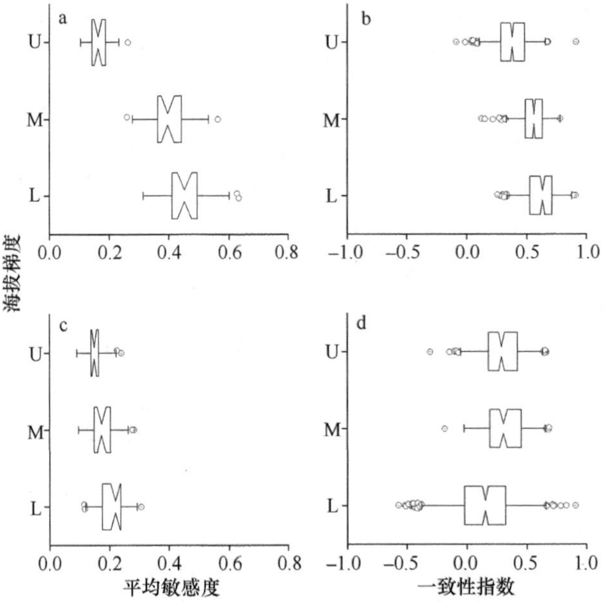

图 5-3 西藏八宿县不同海拔云杉树轮序列平均敏感度及生长一致性

a，b 布则村；c，d 业拉山。U 代表高海拔（林线）；M 代表中海拔；L 代表低海拔

沿海拔梯度向上与沿纬度向极地均呈现温度递减梯度，两个梯度的对比研究有助于进一步认识树木生长对气候变化的响应规律。Lyu 等（2017）对比研究了青藏高原南部（SCTP）、东南部（SETP）两条海拔梯度和芬兰纬度梯度上的树木生长及其对气候的响应，发现树木年轮平均宽度随海拔或纬度升高均表现为降低趋势；树木生长在个体间的同步性（树轮序列间相关系数，Rbar）随海拔升高而升高，在纬度梯度上却没有明显的变化规律（图 5-4）；树木生长的关键期在低海拔要比在高海拔地区提前约一个月，其随纬度的升高则存在较长的滞后性，芬兰纬度梯度上树木生长对冬季 2 月低温的响应滞后性并不明显（图 5-5）。

5.2.2 高山林线树木生长及其与主要气候因子的关系

高山林线的树木年轮与生长季温度密切相关。在青藏高原北部的祁连山，Fang 等（2009）利用树轮年代学手段发现半干旱气候条件下的祁连圆柏同时受到温度和水分条件的双重控制，温度信号在低频变化上占主导地位。在青藏高原东部的川西红原县，Silva 等（2016）分析了树木年轮宽度和树轮同位素数据，发现在 1900 年以后，树木生长持续增加，可能与气候变暖密切相关，还可能与不断增加的大气 CO_2 浓度及气候变暖导致冻土融化后的养分释放有关。在藏东南的林芝色季拉山，Huang 等（2017）分析了林线树木生长与主要气候因子之间的关系，发现夏季温度是影响树木生长年际变化最重要的气候因子（r=0.70，P<0.05）。在色季拉

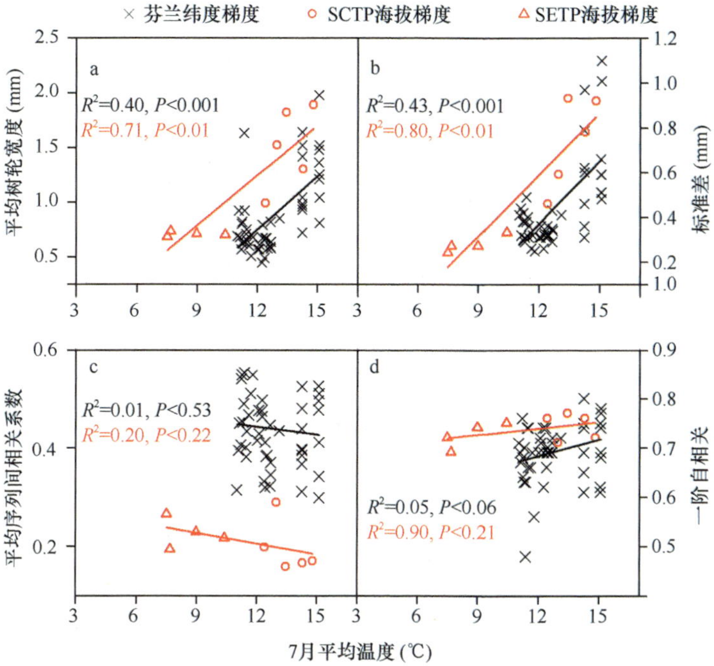

图 5-4　芬兰纬度和青藏高原海拔梯度上树木生长变化对比

SCTP 和 SETP 分别代表青藏高原南部和东南部两条海拔梯度样带；图中直线为线性拟合方程线，红色代表海拔梯度，黑色代表纬度梯度；拟合方程参数的字体颜色与拟合线颜色一致

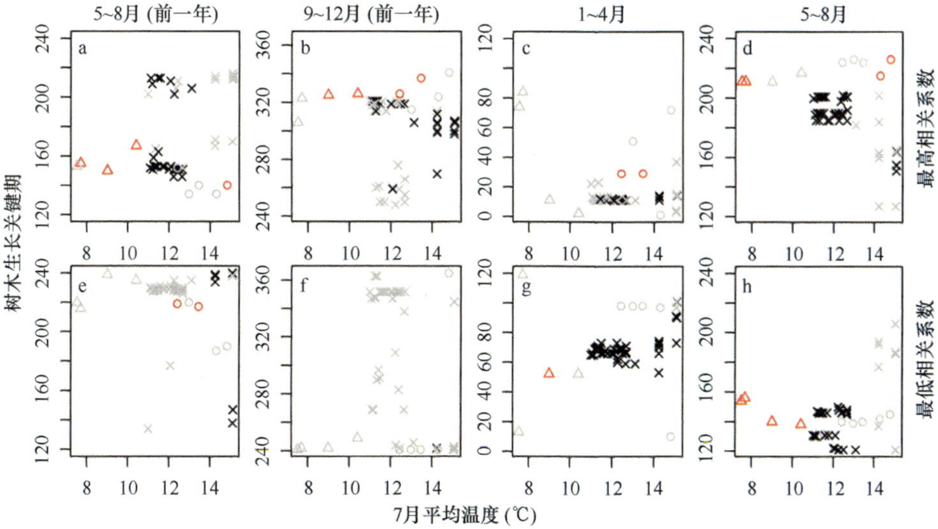

图 5-5　芬兰纬度和青藏高原海拔梯度上树木生长关键期的变化

红色代表海拔梯度；黑色代表纬度梯度；未达到95%置信水平的相关系数为灰色

山林线的另外一项研究中，Liang 等（2009）提取了老树树木年轮宽度变化中的夏季温度信号，发现当代的异常变暖与北半球平均温度变化具有较好的一致性。在青藏高原南缘的亚东县，Lv 和 Zhang（2013）对林线高山柏[*Juniperus squamata*（Buch.-Ham.）]的研究发现，树木生长与夏季（6～8 月）温度呈显著正相关关系（图 5-6）。除乔木以外，林线以上的灌木山生柳（*Salix oritrepha*）也受到夏季低温的限制（Lu et al.，2016）。上述研究表明：在气候湿润的喜马拉雅山南坡（如亚东县）和藏东南的高山林线，树木生长主要受夏季低温的限制；在半干旱气候条件下的青藏高原主体上，树木年轮中的温度信号往往减弱或主要体现在低频变化趋势上。

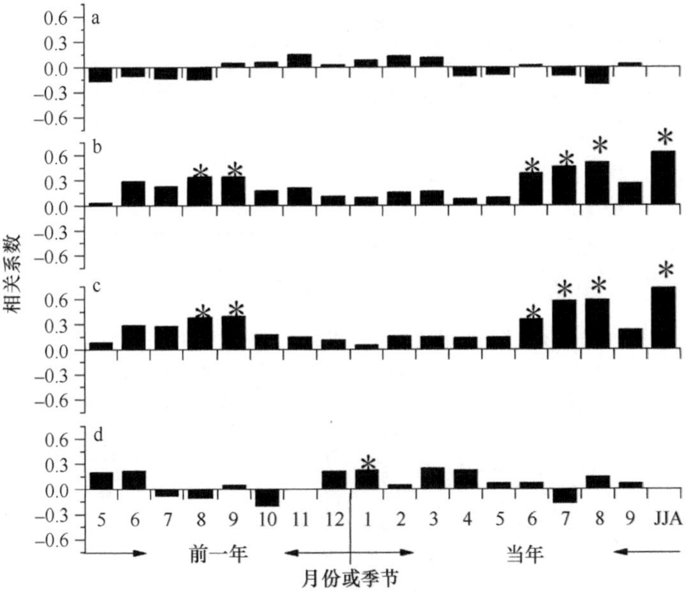

图 5-6　西藏亚东县高山林线附近高山柏树轮宽度与气候因子的相关系数
a～d 分别为树木生长与月平均最高温、月平均温、月平均最低温及月降水量之间的相关性，
*代表显著性达到 95%置信水平，JJA 表示 6～8 月平均值

冬季温度也是影响高山林线树木生长的关键因素之一。在珠穆朗玛峰自然保护区内，Lv 和 Zhang（2012）分析了喜马拉雅冷杉林线树轮宽度与气候因子之间的相关关系，发现冷杉树轮宽度年表除和 8 月气温具有显著的正相关关系外，与冬季（11 月至翌年 3 月）温度也具有非常强的正相关关系，甚至强于对夏季温度的响应（图 5-2）。类似地，在青藏高原西南边缘巴基斯坦喀喇昆仑山地区，常绿树种乔松（*Pinus wallichiana*）森林上限的树轮宽度年表与冬季（前一年 12 月至当年 2 月）温度亦呈显著的正相关关系（Asad et al.，2017，2018）。在青藏高原其他地区的林线树木生长中也有冬季温度信号的报道（Fang et al.，2009）。

除低温外，水分条件也是高山林线树木生长的一个限制因子。在青藏高原北部的祁连山，曾令兵（2012）研究了青海云杉高山林线交错区内树轮宽度与气候变化的关系，发现了树木生长中的湿度信号，与高山林线主要受生长季温度限制的传统认识明显不同。在青藏高原东南部的八宿县内，刘娟等（2015）对川西云杉林线生态过渡带进行了样方调查，发现区域中 58%的树木径向生长与 6 月降水量存在显著的相关性（图 5-7），约 20%的树木树轮序列与 5 月气温间存在显著的负相关关系，过高的气温导致蒸发蒸腾作用加强，从而引发植物的水分不足。在青藏高原南部，Lyu 等（2019）对 3 条高海拔林线上大果圆柏生长和气候关系的分析结果也表明，水分条件（湿度）是林线树木生长的主要限制因子（图 5-8）。研究发现，影响水分有效性的气候驱动因素除了降水的直接作用，还可能与日照、风速等影响蒸发散的因素有关。例如，在西藏昂仁县林线树轮宽度年表与初夏平均风速具有较好的对应关系（图 5-9）。在青藏高原南缘的尼泊尔，Liang 等（2014）对海拔 3900～4150m 的糙皮桦（*Betula utilis* D. Don）林线的调查显示，3～5 月总降水量是限制树木生长的主要气候因子，低生长阶段主要对应于季风减弱的时期。与之毗邻的喜马拉雅冷杉林线树木生长与气候因子之间的关系也表明，气候变暖导致的生长季前期水分缺失是限制冷杉生长的最主要因素。而且这种限制作用在气候变暖背景下逐渐增强（Schwab et al.，2018）。在青藏高原东南缘的滇西北地区，Zhang 等（2017c）在对林线生态过渡带内长苞冷杉等 4 个针叶树种的研究中发现，水分因子是控制树木生长的关键因子，但是温度和降水对树木生长的影响具有很大的种间差异。以上研究说明，树木生长的水分限制广泛存在于青藏高原不同地区的高山林线上。

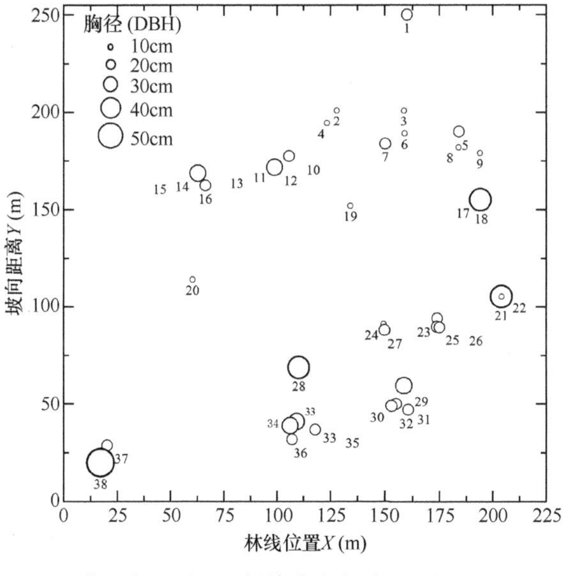

图 5-7 西藏八宿县川西云杉林线生态过渡带样方树木分布图

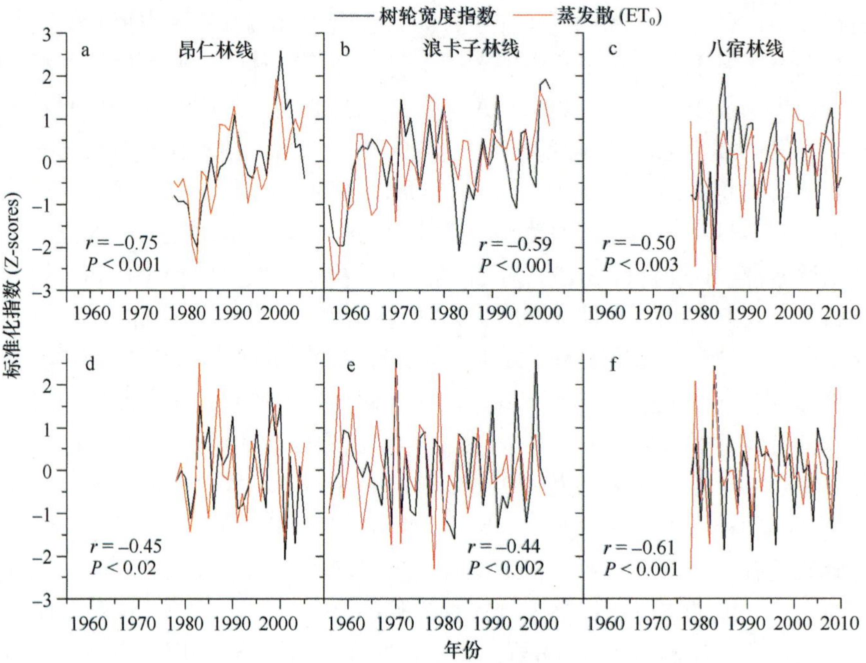

图 5-8 青藏高原南部三条高海拔林线树轮宽度指数与 5～7 月平均蒸发散的关系

a～c 为标准化序列；d～f 为标准化的一阶差序列

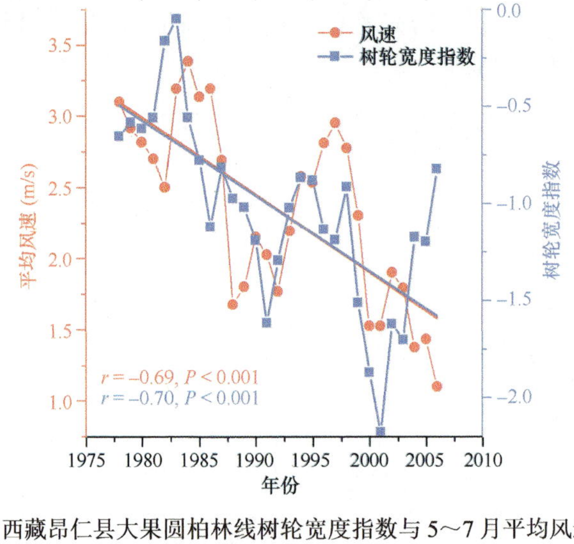

图 5-9 西藏昂仁县大果圆柏林线树轮宽度指数与 5～7 月平均风速的关系

气象数据来自拉孜气象站

以上研究表明，青藏高原高山林线的树木生长受多种气候因子的共同控制，在不同气候区具有不同的响应特征。在未来气候变化背景下，依据简化的温度-生长模型将很难准确预测林线树木的真实生长变化。

5.2.3　高山林线树木生长监测研究

对林线树木形成层的监测研究有利于深入理解树木生理属性及其对气候变化的响应，为准确预测未来生长动态提供理论基础。李晓霞（2015）对藏东南色季拉山的高山林线进行了监测研究，分析了不同树种树木的年内生长变化。结果表明：树木的形成层活动通常开始于土壤解冻后的 4～36 天，阴坡的急尖长苞冷杉（*Abies georgei* var. *smithii*）一般在 5 月底木质部开始分化至 9 月底结束，而阳坡的方枝柏（*Juniperus saltuaria*）木质部分化通常开始于 5 月底至 6 月中旬，结束于 9 月初。利用类似的研究手段，Li 等（2016）发现，在海拔 4400m 的林线之上雪山杜鹃（*Rhododendron aganniphum* var. *schizopeplum*）木质部分化开始于最低气温（2.0±0.6）℃，远低于针叶树木质部分化开始的温度值，这解释了为什么雪山杜鹃能够生存于林线以上的地区。以上生长监测研究为深入认识林线树木生长过程提供了宝贵的资料，为林线机制研究提供了一个较好的视角。

5.3　高山林线的树木更新

气候变化和自然干扰不但影响树木生长，而且影响树木更新。在对珠穆朗玛峰自然保护区定结县喜马拉雅冷杉林线的研究中，通过在 3920m 的林线处设置 30m×60m 的样方进行树木年轮生态学调查，并与林线以下三个海拔带（3700m、3520m 及 3410m）做对比，结果发现：林线样地中过去几十年内幼苗更新显著（图 5-10），该更新与夏季（6～9 月）平均温度相关度最高（图 5-11）（Lv and Zhang，2012）。在更新最初几年幼苗死亡率较高，会使更新曲线存在指数型的变化特点，为了消除这种趋势，利用更新数量和时间的回归模型获得更新残差，其在 5 年尺度上与 6～9 月平均温度的相关系数为 0.74（图 5-12），表明连续数年的温暖夏季有利于林线冷杉幼苗成功更新，与世界范围内的大量林线研究结果相一致（Germino and Smith，1999；Wang et al.，2006）。与林线树木更新情形不同，中海拔样地在 19 世纪后期出现了大量的新生幼树，而低海拔地区则直至 20 世纪初至 20 世纪中期才有大量新生幼苗，而后更新极少（图 5-10）。喜马拉雅冷杉林在中、低海拔带与一定数量的其他树种混生，林下草本层盖度也较林线大，较强的种间竞争可能是中、低海拔带冷杉林在近期没有或者很少有幼苗更新的原因，它们在过去的更新可能主要依赖于较大规模的干扰事件或者生境胁迫导致部分树木死亡所带来的生存空间（Lusk and Smith，1998；Stueve et al.，2009）。类似的研究结果在世界上的其他地区也有报道（Gobbia and Schlichter，1998；George and Bazzaz，1999）。与中、低海拔的喜马拉雅冷杉混生林不同，林线多为纯林，其更新历史可

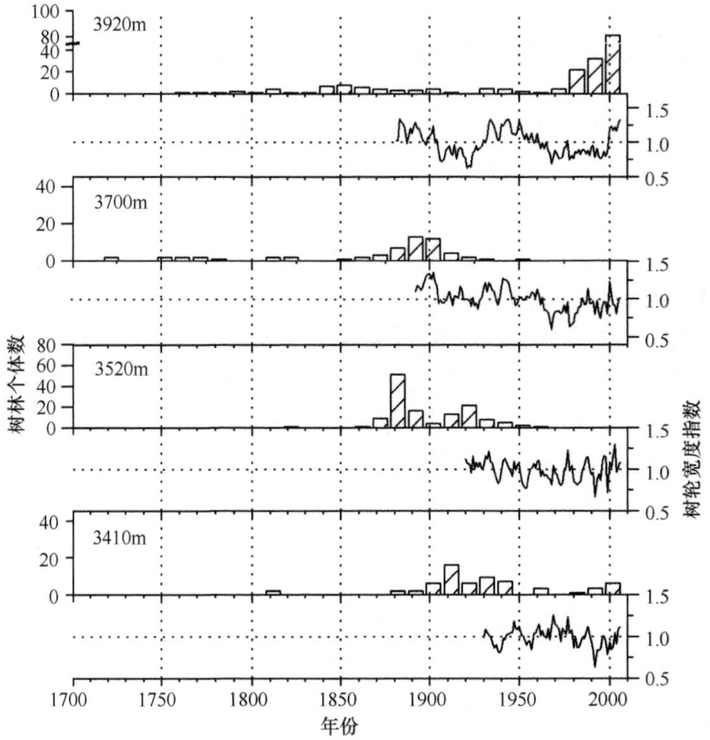

图 5-10 西藏定结县不同海拔样地喜马拉雅冷杉更新历史和树轮宽度标准年表

喜马拉雅冷杉更新个体数按照 10 年区间进行分配；树轮宽度标准年表以 EPS> 0.85 位置截取

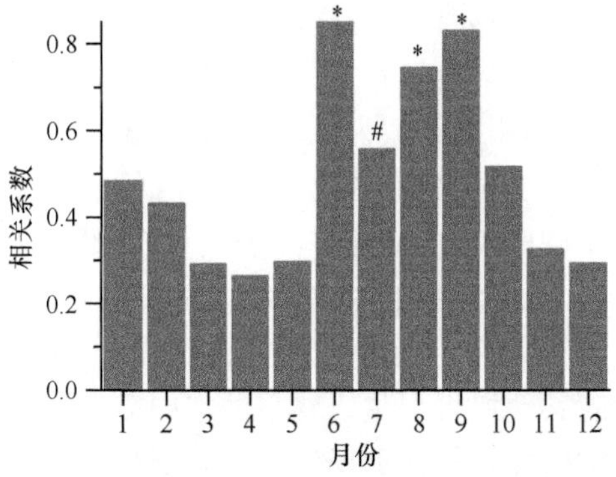

图 5-11 西藏定结县喜马拉雅冷杉林线更新与平均温度的相关系数

喜马拉雅冷杉更新数量为 5 年滑动平均值；气象数据源自定日气象站，时间段为 1970～2004 年；

*表示显著水平为 $P<0.05$；#表示显著水平为 $P<0.1$

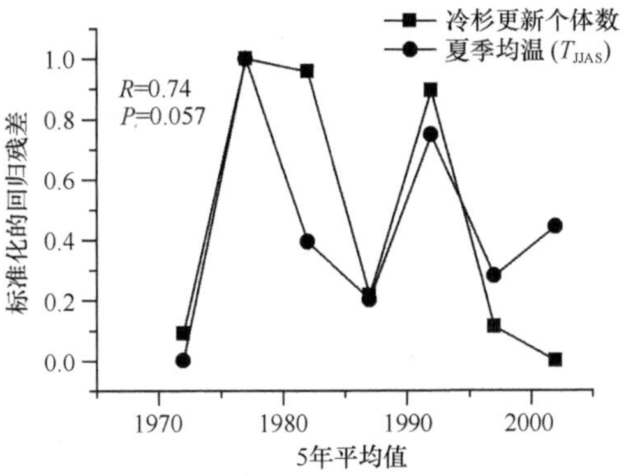

图 5-12 去趋势后的冷杉幼苗更新与 6～9 月平均温度（T_{JJAS}）的对应关系
冷杉更新个体数为 5 年滑动平均值；气象数据源自定日气象站，时间段为 1970～2004 年

能与全球变暖有关。该研究表明，林线树木更新与林线之下中、低海拔森林的树木更新有明显差别，按海拔梯度设置样地调查是准确揭示森林动态特征的有效手段。

在青藏高原东缘（滇西北白马雪山、川西北鹧鸪山及岷江源地区），张桥英（2006）对林线树木更新的研究表明，阴坡冷杉（*Abies* spp.）林线种群结构多表现为增长型，幼苗和幼树在种群中占较大比例，种群潜在自然更新能力较强，但幼龄个体死亡率非常高，存活曲线多接近 Deevey-III型；阳坡圆柏（*Juniperus* spp.）林线种群幼苗个体数极少，幼树相对增加。在青藏高原北部的祁连山和阿尼玛卿山，Fang 等（2009）对 4 条祁连圆柏林线的调查发现，树木个体更新数量在 20 世纪 90 年代以后迅速增加，与同时期的气候变暖对应。

除温度外，影响林线树木更新的还有树间关系等其他因素。在西藏昌都市丁青县，Lyu 等（2016a）对 2 条川西云杉林线的调查分析表明，在过去 200 年中树木更新存在 1 或 2 次高峰，分别发生在 20 世纪初和 20 世纪中期以后（图 5-13），这些更新高峰与温度的相关性不高，而可能与成树对幼树更新的“保护伞”作用有关，即幼苗更新初期需要成树提供的有利微环境才能得以存活，所以，生境筛选可能是限制树木更新的重要机制（Lyu et al.，2016a）。为了了解高山林线树木更新机制和准确预测未来动态，树木个体间关系对树木更新的影响应该在地球系统模型（ESM）和其他实验研究中予以重视。

总体而言，青藏高原高山林线复杂多样，树木更新及其驱动机制在不同地区和不同树种之间存在较大差异。需要特别指出的是，相对于气候主导林线动态的传统观点而言，树木个体间及物种间关系的影响逐渐引起诸多学者的重视（Wang et al.，2015，2016；Liang et al.，2016b；Lyu et al.，2016a）。

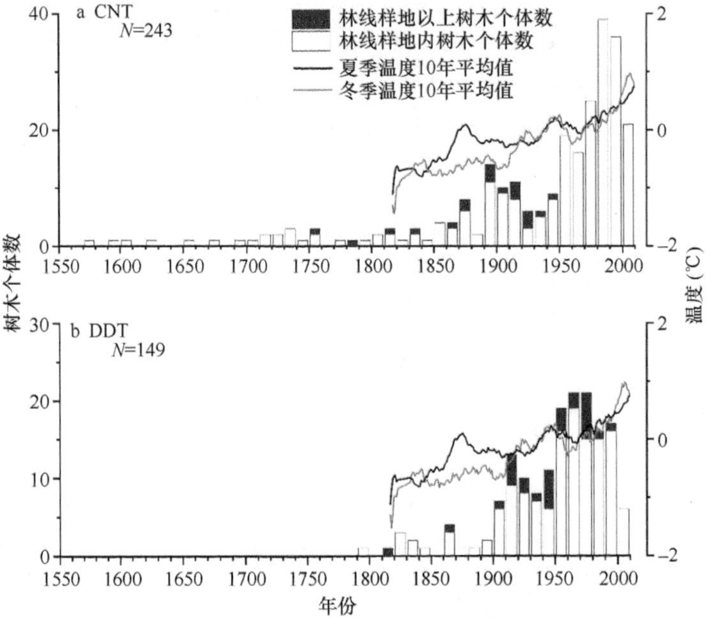

图 5-13 西藏昌都市丁青县川西云杉林线树木更新历史

a. CNT 代表昌娘林线；b. DDT 代表当堆乡林线

5.4 高山林线位置的移动

在全球变暖过程中，受温度控制的林线位置在理论上应该出现向上爬升的现象（Körner，2012）。实际的研究案例也显示，青藏高原范围内有高山林线上升的报道。Liang 等（2016c）利用树轮生态学手段调查了青藏高原东部 6 条高山林线，发现除色季拉山林线以外，其他高山林线都有明显的爬升现象。在过去一个世纪中林线位置上升超过 50m 的有藏东南然乌湖附近的冷杉林线（69m）和云杉林线（65m），以及青藏高原东北部的青海云杉林线（52～80m）。在青藏高原南缘尼泊尔中部进行的样地调查显示，喜马拉雅冷杉林线位置自 1850 年以来，以每年 2.61m 的速度迅速向高海拔爬升（Gaire et al.，2014）。利用同样的调查手段，Gaire 等（2017）在尼泊尔东部的研究结果表明，该地区喜马拉雅冷杉林线和糙皮桦林线在过去 200 年内分别以每年 0.93m 和每年 0.42m 的速度向高海拔爬升。

高山林线位置的移动在不同时间和不同区域存在差异。在青藏高原东北部的祁连山，Gou 等（2012）对祁连圆柏林线的调查发现，在经历小冰期影响后，林线位置在 20 世纪初期存在一个恢复爬升期，但是在 20 世纪 70 年代后林线位置不再爬升，表明气候的加速变暖并不能使林线位置不断爬升，可能是因为温度在 20 世纪中后期已经达到了促进林线位置爬升的阈值。持续的升温可能会超过该阈值，导致树木干旱胁迫加剧，甚至诱发高海拔森林的衰退。在中部喜马拉雅山区，Sigdel 等（2018）调查了包括糙皮桦和喜马拉雅冷杉两个树种共 6 条林线 20 个样地，通过对树木个体更新时空规律的分析发现，虽然部分林线位置有所爬升，但是林线位置的爬升主要发生在较湿润的地区。这些研究表明，林线位置移动对气候变暖的响应格局受到水分因子的调控。

林线树木生长限制因子及种内关系的复杂性可能是影响青藏高原林线动态的另一个重要因素。Wang 等（2016）分析了自 19 世纪 60 年代以来色季拉山急尖长苞冷杉林线种群密度与温度变化的关系，指出温度在 1950 年以后可能超过了阈值，不再是限制树木更新的主要因素，其他因素如树木个体对水、光、营养等资源的竞争作用可能成为限制该区域冷杉林线爬升的主要限制因素。在青藏高原东部的昌都地区，Lyu 等（2016a）对川西云杉林线进行了树木年轮样方调查，发现位于样方上部的树木在 1900 年已存在，迄今为止，多数样地显示的林线位置在过去一个世纪内都没有向上移动（图 5-14）。通过对树木个体分布的空间点格局进一步分析发现，老树周边的幼树存活概率更大。由于当前林线位置以上的老树个体数较少，幼苗更新可能受到有限的适宜生境的限制，因此林线位置的变化可能是一个缓慢的过程。

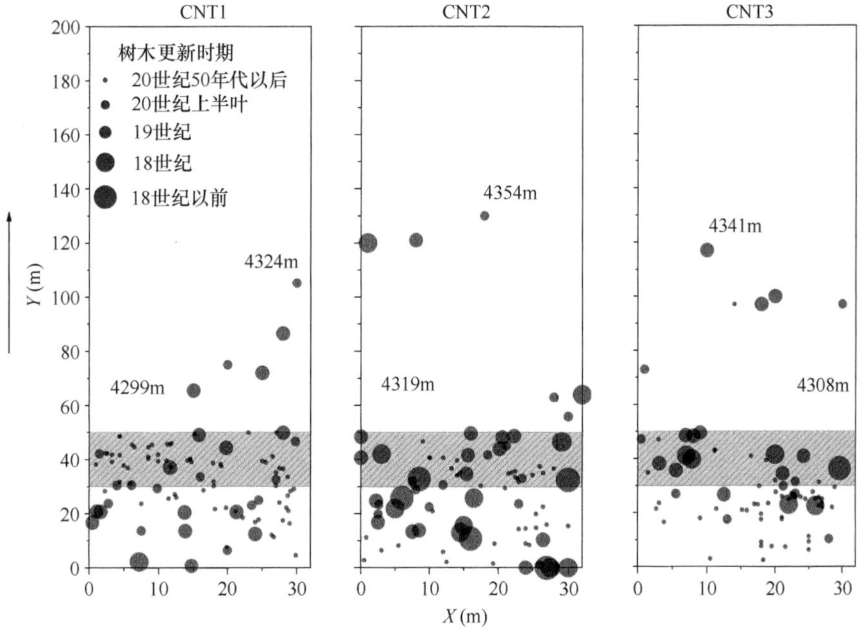

图 5-14 西藏丁青县昌娘林线（CNT）三个样地树木空间分布图

X 轴代表水平方向；*Y* 轴代表沿海拔梯度上升的方向，单位为 m

林线树种的种子扩散及不同物种之间的关系也对林线动态具有重要影响。

Liang 等（2011）调查了青藏高原东南部色季拉山 3 条急尖长苞冷杉林线，分析了过去约 400 年的林线位置动态历史，发现过去 200 年的气候变暖并没有导致林线位置发生明显变化，指出可能与种子向上扩散的限制有关。林线以上的幼苗更新受阻也可能与林线以上杜鹃（*Rhododendron* spp.）灌丛有关，杜鹃形成的致密灌木层会对幼苗产生较大的竞争压力，限制幼苗的扩散和成活。Liang 等（2016c）对比分析了青藏高原东部 6 条林线的海拔位置变化与林线以上灌木植被的致密程度后发现，林线以上灌木的竞争作用很可能是限制林线以上树木更新的主要因素。

综上所述，高山林线动态过程十分复杂，林线位置的变化是同时受到气候、环境和生物等多种因素共同控制的结果。青藏高原孕育了大量的高山林线，是全球高山林线分布的典型区域，一方面，对该区域内林线动态的研究可以加深和丰富全球高山林线理论，另一方面，认识林线动态规律及其在区域尺度上的特征对相关林业保护政策的制定具有重要的实践指导意义。

第 6 章　古树树龄与生长历史

在人类历史发展过程中保存下来的，树龄在百年以上的树为古树。其中，树龄达到 500 年及以上的为国家一级保护古树，达 300～499 年的为二级保护古树，达 100～299 年的为三级保护古树。古树具有“科研、生态、社会、文化和经济”5 个方面的价值。在实践中，古树树龄与生长历史信息的获取是古树建档中一项重要、具有挑战性的工作。本章将介绍树木年轮生态学方法在古树树龄鉴定和生长历史研究中的应用。

6.1　古树树龄鉴定方法

树龄是古树建档中的一项重要信息，是确定古树保护等级的依据。目前古树树龄的鉴定方法主要有以下几类。

1）文献追踪法：通过查阅文献记载（地方志、名人游记、古建筑资料等）获得古树树龄信息。例如，北京颐和园中的西堤古桑和西堤古柳，根据记载栽植于乾隆年间，树龄有 200 余年。此方法的优点在于有据可循，多能够获得较可靠的树龄信息。但其局限性也很大，因为多数古树缺乏文字记载，有的记载中很早的古树可能由于之后的变化并非现在看到的树木。

2）访谈传说法：通过走访当地居民，从老人的记忆或上辈留传下来的说法中获得古树的树龄信息，推测其大致树龄。该方法适用的古树树龄通常不会太长，并且依靠记忆与传说信息获得的树龄具有较大不确定性。

3）类推法：测量古树的树干胸径后，根据同一树种树干胸径与树龄的关系来类推该树的树龄。树干胸径与树龄的关系通常从对非保护树或倒木的树轮研究来获得。例如，对倒木截取树干横切面，计数树轮获得年龄并测其直径，可获得树龄与树干胸径的关系。又如，通过测量树木在一年内生长的树轮宽度，得到树木树干生长速率，从而得出树干胸径与树龄的关系。目前，该方法被广泛应用于古树的树龄鉴定中，其优点是一旦获得树干胸径与树龄的关系，古树树龄的推测就非常简单易行。然而，该方法也存在很大的局限性，如树木个体的生长遗传性、所处生境、所经历的干扰不同，生长时期气候的变化，以及树干胸径与树龄关系所依据的基础数据代表性不同等，均会给古树的树龄类推带来较大误差。

4）计算机断层扫描（computed tomography，CT）法：利用 X 线束、γ 射线或超声波技术对树干进行扫描，扫描所得信息经计算转化为树干断面图像，从图像中分辨树轮个数得以判断树龄（郑楠等，2009）。该方法的优势是不会对树木造成物理损伤，缺点是设备昂贵，且树木早、晚材密度差别不显著或树轮极窄时，树干断面中的树轮图像并不清晰，使树龄估算出现较大误差。但是，随着科学技术的不断发展，该方法的图像识别清晰度会越来越高，对树龄的鉴定误差会越来越小。

5）其他方法：通常说的 ^{14}C 测定法（张雪莲和仇士华，2006），其实并不适用于古树的树龄鉴定，这是因为该方法需要取得树干基部髓心处的木质样本，通过测试其放射性同位素 ^{14}C 的衰减量而获得树木年龄，但是在实际操作中很难获得古树髓心样本。此外，利用树皮中韧皮纤维束构成的环带层数而获得的树皮年龄也可推测树龄（赵中振等，1990），但该方法不适用于古树，因为早期的树皮在树干增粗生长的过程中通常已经剥落。

目前，对古树树龄的鉴定仍然是一个难题，主要体现在以下三个方面：①古树受到保护，一般不允许通过有损伤的方式采集样品来测定树龄；②即使允许采集样品，树龄较大的树因为易发生树干中空现象，也仍然无法采集到穿过树木髓心的样品；③实践中常用的通过树干胸径来估算树龄具有较大的误差，这是因为树木个体间生长差异较大，同一胸径树木的树龄有可能存在较大差异。目前，树木年轮学法是古树树龄鉴定中较为准确的一种方法（宋馥杉和张齐兵，2018）。

树木年轮学法：使用树木生长锥对古树的树干钻取树芯样本，读取树芯上的树轮信息，以区域内同树种的树木年轮数据为基础资料，利用交叉定年技术及区域内树木整体生长历史信息来评估古树的树龄。需要注意的是，树芯上看得见的年轮数并不一定是该树芯的年龄，因为气候异常或树木不健康时会产生“丢失年轮”或“伪年轮”。此类问题可以通过交叉定年技术，依托区域内同树种年轮基础数据进行鉴别。对于树芯样本取到髓心的树木，其实际年龄由树芯年龄加上树木从地面长至取样高度所需年数即可；如果树干内部腐朽或中空使得树芯样本未到髓心，则需要依据区域内同树种生长历史信息来估算树心中空或腐朽部分的年龄，进而获得古树的实际年龄。

用于古树树龄鉴定的树木年轮学法在所有方法中具有较高的准确性，但是应用该方法需要区域内同树种生长的基础资料，而这种资料依赖于前期工作积累。另外，在该方法的应用中需要使用树木生长锥钻取树芯样本，此采样方法并不会对树木生长造成很大伤害（见第 2 章 2.1.2 节），相反，由此获得的树龄及树木生长历史数据对认识古树价值和制定相应的保护方案具有积极意义。

6.2　三江源区古树树龄与生长历史

在目前的古树建档中，古树树龄大多是通过树木胸径来估算的，其误差较大，古树生长历史信息大多缺失，这些问题影响着对古树保护与科普教育的成效。这里我们以青藏高原三江源区（长江、黄河和澜沧江发源地）杂多县、曲麻莱县、治多县和班玛县的 4 株古树为例，介绍树木年轮学法在树龄鉴定与生长历史研究中的应用。

6.2.1　区域树轮数据

区域树轮数据是对古树树龄鉴定和生长历史分析的基础。我们在三江源区青海省杂多县、曲麻莱县和治多县的自然老龄林中均采集了 30 棵大果圆柏树芯样本，在班玛县的自然老龄林中采集了 15 棵川西云杉树芯样本。经树轮宽度测量和交叉定年后，分别得到 20 棵、23 棵、28 棵和 14 棵准确定年的树轮序列（表 6-1），建立了区域树轮宽度年表（图 6-1）。

表 6-1　三江源区杂多县、曲麻莱县、治多县和班玛县树轮统计特征

	杂多县	曲麻莱县	治多县	班玛县
样本量（棵）	20	23	28	14
年表长度（年）	788	613	424	428
样芯平均长度（年）	396	245	261	297
平均敏感度	0.228	0.246	0.186	0.117
序列间平均相关系数	0.640	0.628	0.400	0.752
EPS>85%起始年	1415	1760	1675	1765

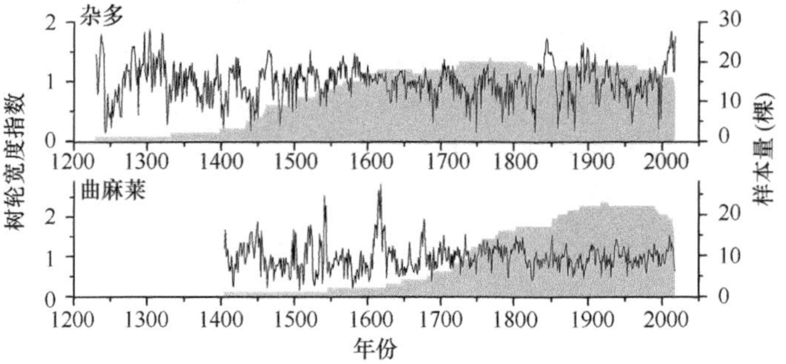

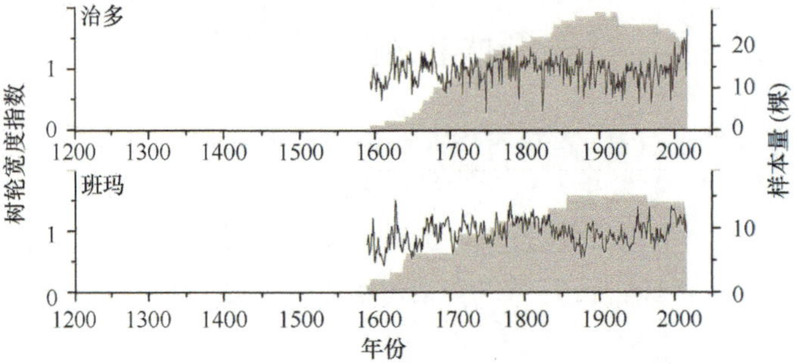

图 6-1 三江源区大果圆柏树轮宽度标准年表及采样样本量

6.2.2 杂多县古树树龄与生长历史

杂多县大果圆柏古树是于 2018 年 5 月采自澜沧江源区昂赛乡（32°42′12″N、95°39′10″E，海拔 3954.83m），编号为 ZDASb33（图 6-2）。采集的树芯样本长度为 27.5cm，最内端一个年轮有明显的弧度，表明接近树干髓心。

图 6-2 杂多县昂赛乡大果圆柏古树

通过与同区域自然老龄树树轮序列的交叉定年，发现该古树在 1450 年、1692 年、1721 年、1741～1944 年、1749 年、1828 年、1942 年和 1995 年的树轮非常细窄甚至是丢失年轮，其树芯年龄为 584 年（1434～2017 年）。树芯最内端有较大弧度的年轮弦长为 1.1cm，弦高为 0.1cm，计算得到该树轮到髓心的距离为 1.56cm，估算这段长度的年龄成为鉴定该树树龄的关键。首先，取该树芯最内端 30 年（1434～1463 年）的树轮宽度序列，考察该段序列与区域其他老龄树同期序列的相关性，发现它与编号为 ZDASb18 的树芯样本（1333～2017 年）在同期具有最高的相关性，相关系数为 0.94（$P<0.001$）。据此相关性并结合古树树芯近髓心的情况，参考 ZDASb18 号树芯样本在 1434 年前的树轮数据，得出古树从髓心生长至 1.56cm 的长度可发生 31 个年轮。依据经验判断该树由地面生长至取样高度约需 10 年。因此，我们估算该古树的实际年龄为树芯年龄（584 年）、树芯最内端年轮到髓心的年份（31 年）和树木从地面长至取样高度所需年数（10 年）三部分的总和，即在 2017 年时为 625 年，其起始年为公元 1393 年。

该古树树轮宽度序列（图 6-3）表明：在 15 世纪 50 年代之前，其生长受到极度抑制（1450 年几乎没有生长），而后迅速恢复，直到 16 世纪 20 年代中期又突然减慢生长速率；之后经过生长恢复后，自 16 世纪末期起至 17 世纪 30 年代初，其生长呈持续下降趋势，至 1630 年树轮宽度仅为 0.04mm；之后树木生长经过两次起伏，于 18 世纪 40 年代树轮宽度达到极低值（1740～1749 年树轮宽度总和仅 0.38mm）；18 世纪 50 年代后，树轮宽度呈现较大波动状态，生长极低值出现在 1828 年（几乎没有生长），极高值出现在 1926 年（0.54mm），20 世纪后半叶出现较多树轮极窄年份。

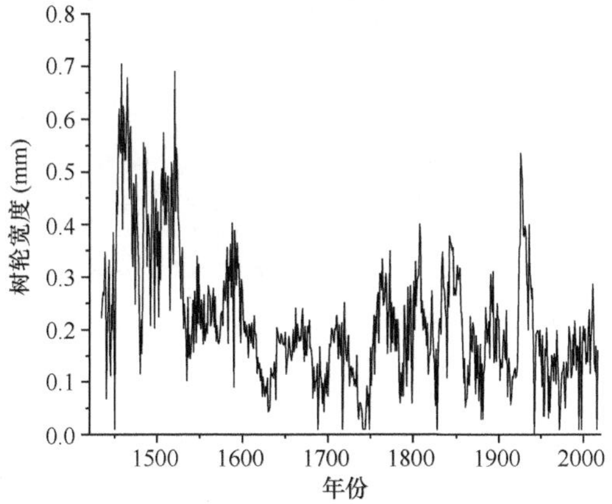

图 6-3　杂多县昂赛乡大果圆柏古树树轮宽度序列

6.2.3　曲麻莱县古树树龄与生长历史

曲麻莱县大果圆柏古树是于 2018 年 5 月采自长江源区通天河旁的约改镇岗当村（33°47′28″N、96°7′47″E，海拔 4040m），编号为 QMGDb10。当地称其为“阿擦树”（阿擦在藏语中含义为疼痛），树上挂满经幡及其他祈祷物件（图 6-4）。采集的树芯样本长度为 43.1cm，最内端一个年轮有明显的弧度，表明接近树干髓心。

图 6-4　曲麻莱县约改镇岗当村大果圆柏古树

通过与同区域自然老龄树树轮序列的交叉定年，发现该古树在 1749 年和 1824 年有丢失缺轮，其树芯年龄为 613 年（1405～2017 年）。树芯最内端有较大弧度的年轮弦长为 1.8cm，弦高为 0.15cm，计算得到该树轮到髓心的距离为 2.78cm。由于该树是同区域最老的一棵树，此段 2.78cm 上包含的年轮数由该样芯最内 5 年的树轮宽度情况（总长度为 0.87cm）进行估算，结果显示可发生 16 个年轮。依据经验判断该树由地面生长至取样高度约需 10 年。因此，我们估算该古树的实际年龄为树芯年龄（613 年）、树芯最内端年轮到髓心的年份（16 年）和树木从地面长至取样高度所需年数（10 年）三部分的总和，即在 2017 年时为 639 年，其起始年为公元 1379 年。

该古树树轮宽度序列表明（图 6-5）：在 15 世纪中期，其生长突然受到抑制并持续长达 40 年（1457～1496 年）；之后的生长处于波动状态并于 1567～1609 年再次出现明显的生长衰退，随后迅速转为生长释放；17 世纪 10 年代和 70 年代末出现两个生长高峰，其间为生长低谷；18 世纪上半叶生长为持续下降趋势，在 1749 年几乎没有生长；18 世纪中叶后至今，其生长处于起伏波动状态，树轮最宽年出现在 1778 年（1.28mm）和 1850 年（1.24mm），树轮最窄年出现在 1824 年，几乎没有生长；在过去的 100 年中，其生长无异常状况，显示健康状况良好。

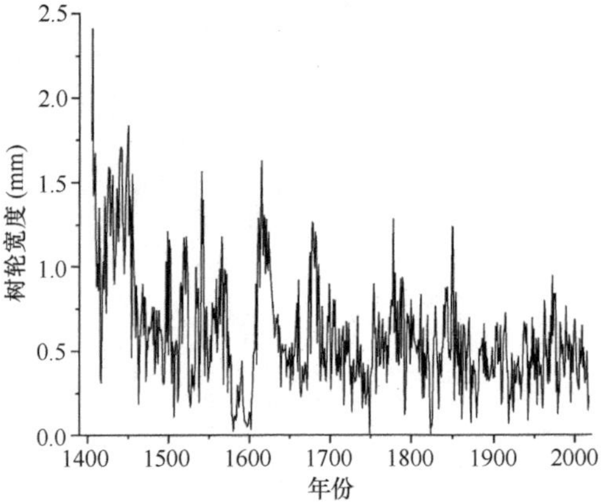

图 6-5 曲麻莱县约改镇岗当村大果圆柏古树树轮宽度序列

6.2.4 治多县古树树龄与生长历史

治多县大果圆柏古树是于 2018 年 5 月采自长江源区立新乡夏日寺通天桥旁（33°44′29″N、96°14′26″E，海拔 4080m），编号为 ZDXRb33。该树位置与曲麻莱县隔通天河相望，树姿扭曲，分枝较少，引人注目，同区域大果圆柏树距其较远（图 6-6）。采集的树芯样本长度为 17.8cm，未到树干髓心。

通过与同区域自然老龄树树轮序列的交叉定年，发现该古树在 20 世纪有多年（1910 年、1953 年、1961 年、1969 年、1985 年、1986 年和 1995 年）的树轮非常细窄甚至是丢失年轮，其树芯年龄为 377 年（1641～2017 年）。该树树干胸高处半径为 21.3cm，树皮宽度约为 1cm，因此样芯末端距离树干几何树心为 2.5cm（21.3–1–17.8 = 2.5）。由于这段距离较小，其包含的年轮数主要是依据同区域样芯中最接近髓心的一棵老龄树（编号为 ZDXRb31）来估算。该老龄树样芯最内一轮弦长为 0.9cm，弦高为 0.1cm，距离髓心距离为 1.06cm，从其最内年轮开始到 1.44cm 处（2.5–1.06 = 1.44）有 3 个年轮，据此估算从髓心到 2.5cm 处有 5 个年轮。

图 6-6　治多县立新乡夏日寺旁大果圆柏古树

因此，我们估算治多县 ZDXRb33 号古树的实际年龄为树芯年龄（377 年）、树芯最内端年轮到髓心的年份（5 年）和树木从地面长至取样高度所需年数（10 年）三部分的总和，即在 2017 年时为 392 年，其起始年为公元 1626 年。

该古树树轮宽度序列表明（图 6-7）：其生长在经过 17 世纪末的抑制后于 18 世纪初迅速得到释放；之后到 19 世纪中叶呈高频波动下的总体生长下降趋势，其间 3 个年轮极窄年发生在 1717 年（0.28mm）、1749 年（0.13mm）和 1824 年（0.11mm）；经过 1839～1847 年的生长抑制（平均年轮宽度为 0.45mm）后得到释放，在 1854 年树轮宽度达到高峰（0.91mm）；之后到 20 世纪初又呈高频波动下的总体生长下降趋势，在 1910 年树轮宽度仅为 0.07mm；在 20 世纪 30 年代中期到 40 年代中期生长得到恢复，从 1947 年到 20 世纪末出现多次树轮极窄年，进入 21 世纪后，才出现生长恢复趋势。

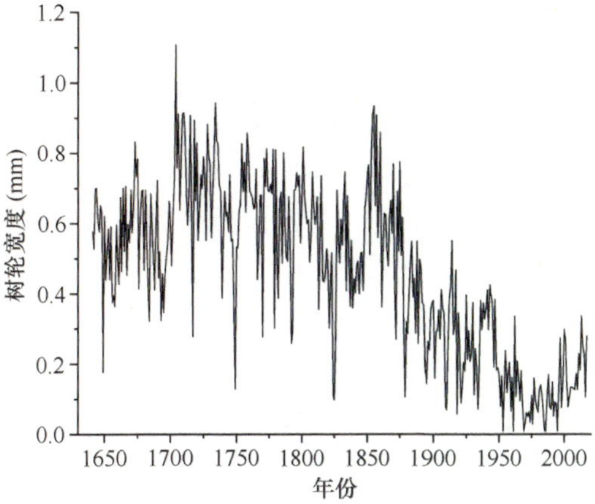

图 6-7　治多县立新乡夏日寺旁大果圆柏古树树轮宽度序列

6.2.5　班玛县古树树龄与生长历史

班玛县川西云杉古树是于 2017 年 6 月采自长江源区马可河林场哑巴沟（33°44′29″N、101°7′16″E，海拔 3587m），编号为 BMYBa01。该古树为当地著名的“三江源第一松”，哑巴沟外公路边挂有前往“三江源第一松”方向的指示牌，树下摆放有牛首石碑（图 6-8）。采集的树芯样本长度为 34.25cm，未到树干髓心。

图 6-8　班玛县马可河林场哑巴沟川西云杉“三江源第一松”

通过与同区域自然老龄树树轮序列的交叉定年，没有发现丢失年轮或伪年轮，其树芯年龄为 293 年（1724～2016 年）。该树树干胸高处半径为 59.4cm，树皮宽度为 1.24cm，样芯末端距离树干几何树心为 23.91cm（59.4–1.24–34.25=23.91），估算这段长度的年龄成为鉴定该树树龄的关键。首先，取该树芯最内端 60 年（1724～1783 年）的树轮宽度序列，考察该段序列与区域其他老龄树同期序列的相关性，发现它与附近一棵“姊妹松”树芯样本（年代为 1637～2016 年）具有最高的相关性，相关系数为 0.83（$P<0.001$）。据此相关性，通过回归方法估算出“三江源第一松”在 1723 年前直至 1637 年的生长情况，结果发现在 23.91cm 的树芯长度上可发生 80 个树轮。其次，需要校正树木本身生物学特性在最初生长阶段对树轮宽度的影响，这是通过对最接近髓心的 1 棵树芯样本来分析而获得的。将该接近髓心的树芯早期树轮序列与“三江源第一松”回归所得 80 年的树轮序列进行比对，发现第一松在回归序列的前 20 年实际仅需 17 年就可达到同样的早期生长长度，所以通过回归和生理校正后第一松树芯样本距髓心缺失的 23.91cm 长度对应着 77 年。因此，我们估算该第一松古树的实际年龄为树芯年龄（293 年）、树芯最内端年轮到髓心的年份（77 年）和树木从地面长至取样高度所需年数（8 年）三部分的总和，即在 2016 年时为 378 年，其起始年为公元 1639 年。

该古树树轮宽度序列表明（图 6-9）：在 18 世纪早期，其生长经过快速释放后于 1728 年树轮宽度达到极大值（4.02mm），之后呈总体下降趋势，到 1802 年树轮宽度为 0.9mm；1802～1950 年，总体为缓慢生长时期，其间 1802～1830 年（平均树轮宽度为 0.77mm）和 1892～1950 年（平均树轮宽度为 0.42mm）持续低生长后出现迅速生长恢复，1831～1879 年的生长为总体下降阶段；1951～2016 年为生长出现较大波动时期，树轮宽度出现 3 次极高值，分别为 1954 年（2.31mm）、1977 年（1.97mm）和 1998 年（2.63mm），还有 3 次极低值，分别为 1962 年（0.68mm）、1988 年（0.61mm）和 2016 年（0.66mm）。

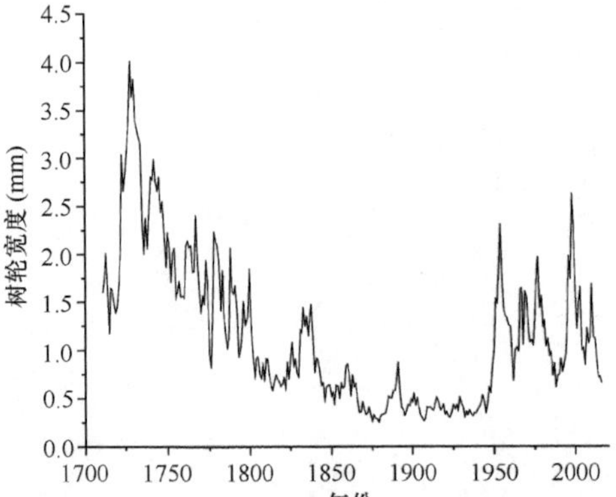

图 6-9　班玛县马可河林场哑巴沟川西云杉“三江源第一松”树轮宽度序列

第 7 章　青藏高原树轮数据网络

青藏高原的树木年轮学研究开始于 20 世纪 70 年代，90 年代后得到了快速发展，目前已积累了包括树轮宽度、密度、稳定性同位素及年内生长监测等大量树轮数据，为深入开展时空大尺度树轮生态学研究奠定了基础。本章旨在介绍青藏高原树轮数据的空间范围、时间长度、树木生长与气候的关系及树木生长的时空大尺度格局。

7.1　树轮数据的空间范围

青藏高原上大片连续分布的森林主要存在于高原东南地区，包括藏东南、川西及滇西北地区，大片森林还分布在祁连山-柴达木盆地周边地区、三江源地区和喜马拉雅地区，其他地区分布面积相对较小。目前，在高原上森林分布的主要区域均已开展了树木年轮学工作，积累了一定数量的树轮数据（图 7-1）。

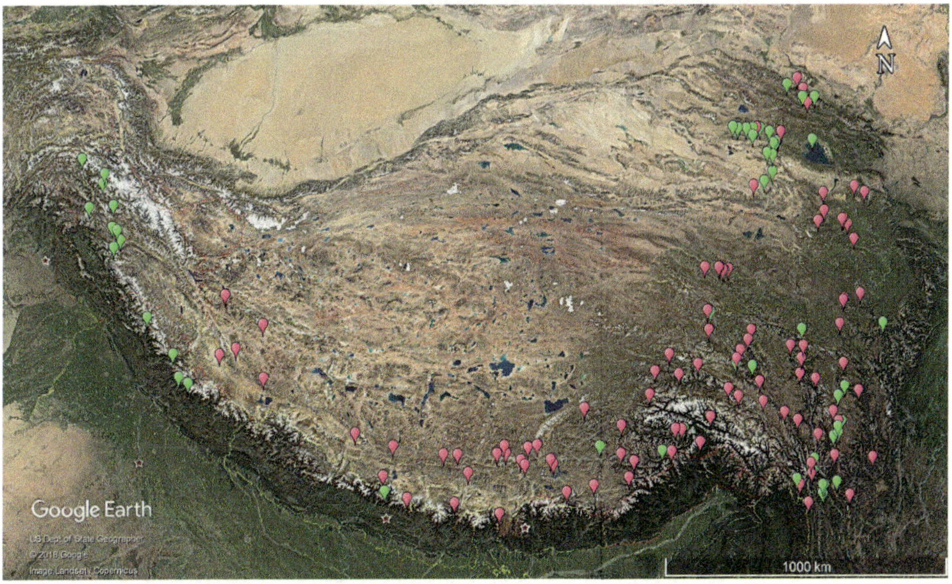

图 7-1　青藏高原树木年轮数据库 Google Earth 地图

绿色显示为国际树轮数据库样点②，粉色为中国科学院植物研究所采样点

② 数据来源：https: //www.ncdc.noaa.gov/data-access/paleoclimatology-data/datasets/tree-ring

7.2 树轮数据的时间长度

7.2.1 中国最长的树轮年表

青海省海西蒙古族藏族自治州柴达木盆地周边地区分布有树龄超过 1000 年的祁连圆柏（*Juniperus przewalskii*）林，该区还有 1000 多年前用祁连圆柏原木搭建的古墓群（图 7-2）。科研工作者在该地区利用活树和古墓原木材料，通过交叉定年建立了我国最长的树轮年表，为历史考古学及千年尺度的古气候与古生态研究提供了宝贵的树轮数据。

图 7-2 青海都兰县热水古墓墓室的祁连圆柏原木

康兴成等（1997）在都兰县采集了自然生长的祁连圆柏树芯样本，通过交叉定年建立了长度为 1835 年的树轮宽度年表，为当时我国最长树轮年表。进入 21 世纪后，张齐兵与康兴成等在都兰县热水古墓群采集到祁连圆柏原木的树芯与圆盘样本并成功实现活树树轮序列与古墓原木树轮序列的交叉定年，进而将祁连圆柏树轮年表延长到公元前 326 年，建立了 2326 年（公元前 326 年至公元 2000 年）的树轮年表（Zhang et al.，2003）（图 7-3）。Shao 等（2009）利用柴达木盆地东北部山地 29 个祁连圆柏活树样点和 22 个考古样点的树轮资料，交叉定年建立了长达 3585 年的树轮年表。此后，学者在该地区的工作又将祁连圆柏树轮数据进一步延长到公元前 2637 年，建立了该区长达 4650 年（公元前 2637 年至公元 2011 年）的树轮年表，这也是迄今为止中国最长的树轮年表（Yang et al.，2014a，2017b）。

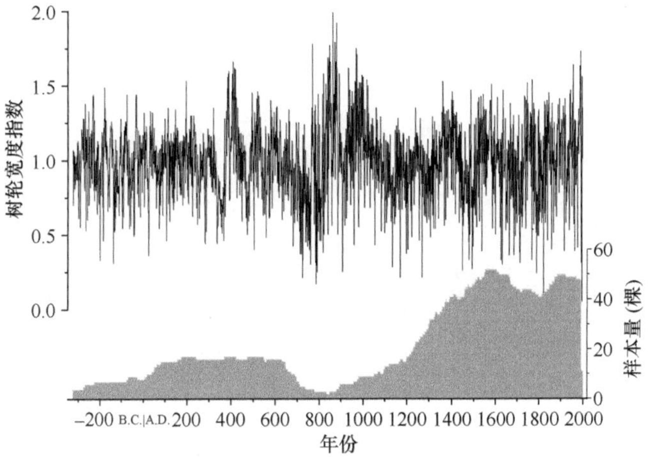

图 7-3　青海都兰县公元前 326 年至公元 2000 年祁连圆柏树轮宽度年表与样本量
B.C.|A.D.表示公元 0 年

该地区祁连圆柏树轮材料的独特性吸引了科研工作者的极大关注，建立的树轮年表长达 2508 年（Sheppard et al.，2004）、2332 年（Wang et al.，2008b）、2485 年（Liu et al.，2009）。

7.2.2　千年树轮年表

除青海柴达木盆地周边区域的祁连圆柏树轮长时间序列外，在青海果洛藏族自治州（以下简称果洛州）、西藏那曲地区比如县和昌都市卡若区等地也建立了千年树轮序列。

在青海省果洛州玛沁县，中国科学院地理科学与资源研究所邵雪梅研究组采集了 310 棵祁连圆柏的 624 根树芯样本，经交叉定年后选择其中高质量样本建立了森林上限和下限的千年树轮年表，其中上限年表最早年份开始于公元前 652 年，当 EPS 达到 0.85 时的可信区间为公元 433～2013 年，有效长度 1581 年（Chen et al.，2016）；下限年表中最早年份为公元 300 年，公元 677～2013 年 EPS 达到 0.85，有效长度为 1337 年。

在西藏那曲比如县，Nie 等（2017）建立了 1184 年的大果圆柏（*Juniperus tibetica* Kom.）树轮宽度年表。该年表是对 3 个大果圆柏老龄林考察的基础上，采集了 97

棵树的 137 根树芯样本，其中 85 棵树的 120 根样本得以成功交叉定年，从而获得了树轮宽度数据。样本中整体缺轮率为 0.34%，主要发生在 1799 年、1653 年、1972 年及 1806 年。3 个样地的树木生长存在显著的相关性，因而将其合并建立区域年表（图 7-4）。

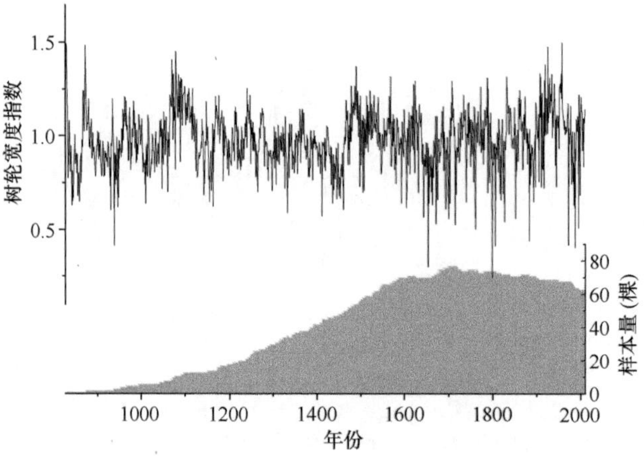

图 7-4　西藏比如县大果圆柏树轮宽度标准年表与样本量

在年表建立的过程中，选用了负指数曲线或样条函数进行去趋势处理，EPS>0.85 的时间段为公元 1080～2010 年，早期最少样本量为 11 棵树。为了评估去趋势方法导致的可能偏差，对 31 个最老样本的 700 年序列进行以平均值为水平直线的标准化而建立原生年表，其与标准年表之间显示出很强的一致性。

在西藏昌都市，中科院植物所树木年轮研究组从唐代古柏林及其附近的振多沟分别采集到 81 棵和 96 棵树的 108 根和 135 根树芯样本，采样海拔为 4300～4600m。经过交叉定年后选择树龄大于 700 年的 49 棵树 64 根树芯数据建立了长度为 1500 年（公元 511～2010 年）的树轮宽度年表，并利用去除了前期生长后的序列进行水平直线去趋势而得到原生年表，通过对比认为西藏昌都市标准年表中保存了长时间尺度的低频信号（图 7-5）（聂昌远，2016）。另外，Wang 等（2014）在昌都市卡若区也建立了大果圆柏千年树轮年表（公元 985～2010 年），揭示了采用样条函数去趋势的标准年表（STD 年表）与无信号区域曲线标准化年表（RCS 年表）之间存在高度一致性。

He 等（2013b）在拉萨北部林周县 4200～4575m 海拔采集了 63 棵大果圆柏的 161 根样芯，建立了近千年（公元 1085～2009 年）树轮宽度标准年表。此外，西藏林芝市巴结村也生长有千年巨柏林（图 7-6），但由于该林地被设置为风景管理区，树轮学工作尚未开展。

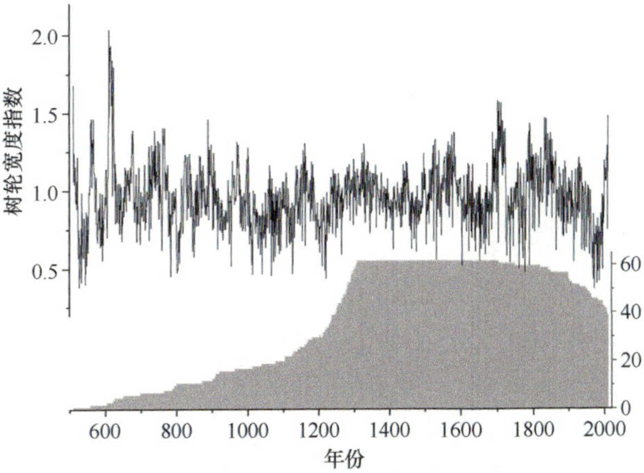

图 7-5　西藏昌都市卡若区大果圆柏树轮宽度标准年表与样本量

图 7-6　西藏林芝巨柏

7.3　树木生长与气候的关系

7.3.1　树轮宽度

（1）树木生长与水分条件

在干旱半干旱地区，水分条件通常是树木生长的主要限制因子。在对柴达木盆地周边地区祁连圆柏的研究中，研究者发现分布在该区都兰县、乌兰县和德令哈市的祁连圆柏树轮宽度主要与 5～6 月的水分条件呈正相关关系，公元前 326 年至公元 3 世纪末，树木生长较为稳定，生长变化量较低；公元 4 世纪下半叶，树轮宽度指数从公元 369 年的低值 0.46 上升到公元 392 年的 1.60，反映了祁连圆柏生长量在约 20 年时间内可能发生显著的变化；公元 7 世纪中期至 9 世纪初，树木生长量持续处于低值；公元 906～920 年，树木快速生长阶段中存在可能由外界干扰造成的较短期的生长量下降，这一事件后，树木同样出现迅速恢复的过程（Zhang et al.，2003；Huang and Zhang，2007；Zhang and Qiu，2007）。邵雪梅等（2004）发现祁连圆柏树轮宽度有着明显的年际变化和较强的公共信号，其生长主要受到水分条件的限制，过去千年中在 1520～1633 年和 1933～2001 年径向生长较快、1429～1519 年和 1634～1741 年生长较慢，均可能是由降水随时间变化而引发的。Liu 等（2006a）认为年降水量（前一年 7 月到当年 6 月）显著影响了都兰县祁连圆柏的生长，在千年尺度上，树木的生长呈现出“W”型生长历史特征，在 1571～1879 年树木生长量偏低，可能与该时期降水偏少有关，在 1880～2000 年树木生长量偏高，可能与该时期丰沛的降水有关。研究同时证明了过去 1000 年中 1900～2000 年降水最为充沛，树木生长良好。Yin 等（2016）认为 1～6 月的水分条件显著影响了祁连圆柏的生长，公元前 381～277 年，以及公元 425～520 年、1108～1212 年、1428～1516 年和 1634～1743 年树木的径向生长量较低，水分平衡存在约 200 年的周期。对该区树木生长与水分关系的报道还包括 Huang 和 Shao（2006）、黄磊等（2006）、刘洪滨等（2005）的研究。

在祁连山地区，树木生长也表现出受水分条件的影响（路明等，2015）。张志华和吴祥定（1997）报道了祁连圆柏树轮宽度变化对降水的显著正响应。在祁连山东部（勾晓华等，1999，2001；张芬等，2017）、中部（王亚军等，2001）均有较多的研究阐述了水分条件在树木生长过程中的显著作用。

在西藏那曲的嘉黎县和比如县，大果圆柏的树轮宽度与 5～6 月水分条件呈正相关关系（Wang et al.，2008c；Nie et al.，2017）。比如县柏树在公元 13 世纪 60 年代至 15 世纪 60 年代表现出近 2 个世纪的低生长，在公元 17 世纪 30 年代至 17 世纪末期间发生了 70 年的低生长，这均可能与持续干旱的环境条件有关。在 11

世纪 80 年代到 12 世纪 20 年代、15 世纪 70 年代至 16 世纪 70 年代及 20 世纪初至 60 年代树木生长较为迅速，其可能与当时较为湿润的环境有关（图 7-7）。

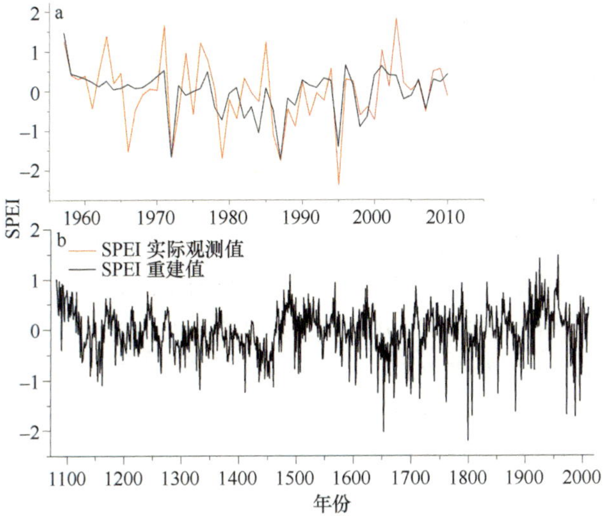

图 7-7　西藏比如县标准化降水蒸发指数（SPEI）重建

a 为 1957 年以来 SPEI 重建值与实际观测值的对比；b 为过去千年尺度上 5～6 月 SPEI 重建

在离河流较近的地区，降水可导致径流量的变化，从而使得受降水影响的树木生长与河流径流之间存在显著的相关关系（康兴成等，2002；王亚军等，2004）。研究者基于树木年轮数据，对长江（秦宁生等，2004；Li et al.，2018a）、黄河（Liu et al.，2006b；Gou et al.，2007；肖丁木等，2017）及澜沧江（Xiao et al.，2017）源头的径流变化历史进行了重建。

（2）树木生长与温度条件

除水分外，温度也是影响树木生长的一个重要因素。在 2014 年和 2015 年对祁连山青海云杉（*Picea crassifolia*）径向生长的监测结果表明，其开始生长日约在 5 月 11 日，土壤温度是影响生长季开始日期的最主要因素，当 40cm 深的土壤温度高于 0℃时茎开始径向生长（Tian et al.，2017）。随着气候的变暖，霜冻频率的减少也使得祁连山青海云杉生长量增加（Waring and Gao，2016）。

在青海省阿尼玛卿山区，4～6 月最高气温变化与祁连圆柏的径向生长呈现显著负相关（Chen et al.，2016），夏季高温对祁连圆柏的不利影响在利用 Dendrometer 进行的树干径向生长监测中也得以证实（He et al.，2016）。

对青藏高原东缘川西云杉（*Picea likiangensis* var. *rubescens*）的研究中，邵雪梅和范金梅（1999）发现冬季平均最低气温与树木生长呈显著正相关关系。Shi 等（2017）也发现，两个高海拔云南松（*Pinus yunnanensis*）的树轮宽度复合年表显示了强烈的冬季（前一年 12 月至当年 2 月）平均月气温信号。

（3）树木生长与水热共同作用

实际上，水分与温度往往共同影响着树木的生长。在祁连山中部，刘录三等（2006）研究了 50m×15m 样方内祁连圆柏的生长和更新方式，发现较高的温度和 6 月、7 月降水有利于该地区祁连圆柏的生长。幼树对水分和温度的敏感度均较老树高（Zhang et al.，2018），增温增湿能够有效地促进树木幼苗的生长和森林的更新。Ren 等（2015）利用微树芯观测了祁连圆柏树干形成层的活动，发现春季干旱时形成层推迟细胞分裂，表明了水分条件在形成层恢复活动中的重要作用。Ren 等（2018）进一步发现新生木质部发生时间需满足持续 12 天累积降水（17.0±5.6）mm，平均最低温度达（1.5±1.4）℃。He 等（2016）对祁连圆柏每日生长变化的观测发现，5 月中旬之前形成层开始活动，主要径向生长期在 6～7 月，8 月中旬停止活动，均与水热条件有关。春季的增温也增强了森林对干旱的敏感度，表现在变暖后生长衰退的发生和缺轮的频繁出现（Liang et al.，2016a）。这些发现说明降水和温度均影响了树木的生长。

He 等（2017）结合 Vaganov-Shashkin 模型（VS 模型）研究了青藏高原由北至南 5 个样点海拔 2750～4575m 的 341 棵柏树，发现树木径向生长的开始是由温度决定的，而随着树木的生长发育，土壤含水量对径向生长有了显著的影响，而形成层活动的终止也取决于温度。树木与水热条件的关系也可能随气候变化而变化，对青藏高原东南部 17 个树木年轮年表的研究发现，自 20 世纪下半叶起树轮年表之间的一致性显著提升，原本受冬季最低温限制的树木在气候变暖后生长一致性增强，可能是增温使得冬季最低温的限制解除后开始受限于 6 月降水（Zhou et al.，2016）。

喜马拉雅山西南侧的树木年轮研究集中在印度、巴基斯坦、尼泊尔等地区。大量的研究也揭示了温度、降水等气候因子对树木径向生长的重要作用（Yadava et al.，2016；Singh et al.，2017）。

（4）树木生长与其他因素

青藏高原日照充沛，由火山或人类活动带来的大气气溶胶浓度上升会造成森林获得的日照时长减少和强度降低，从而减弱林冠的净光合速率进而影响树木的生长（Chen et al.，2017a；Wang et al.，2017）。Sun 等（2018）在研究冷杉 *Abies forrestii* 生长历史时发现日照弱的年份与火山爆发时间十分吻合，近几十年的日照减少则与人类活动引起的气溶胶浓度增加有关，在日照减弱的年份，树木生长量降低。Li 等（2017）根据藏东南云杉（*Picea asperata*）树轮宽度及最大晚材密度序列发现了树轮极窄年与火山爆发事件十分吻合。李明启和邵雪梅（2016）发现南北纬 10°之间的强火山喷发事件会使得青藏高原东北部地区树木生长在喷发后第一年受到显著影响，东南部地区树木生长在喷发后第二年受到显著影响。

森林结构也会影响树木生长对气候的响应方式，一般认为，在郁闭度小的森林中，树木受气候的影响较大（Gea-Izquierdo et al.，2009）。Deng 和 Zhang（2015）比较了西藏昌都市卡若区林缘空地与林内大果圆柏、西藏云杉的生长，结果发现，大果圆柏径向生长与气候要素的相关性在两种情形下并不存在显著差异；西藏云杉的生长情况则有不同，林缘空地的树木生长与前一年 9 月至当年 5 月的水分条件呈正相关关系，与 5～6 月温度呈负相关关系，而林内树木生长与前一年 11～12 月及当年 6 月温度呈正相关关系（图 7-8）。

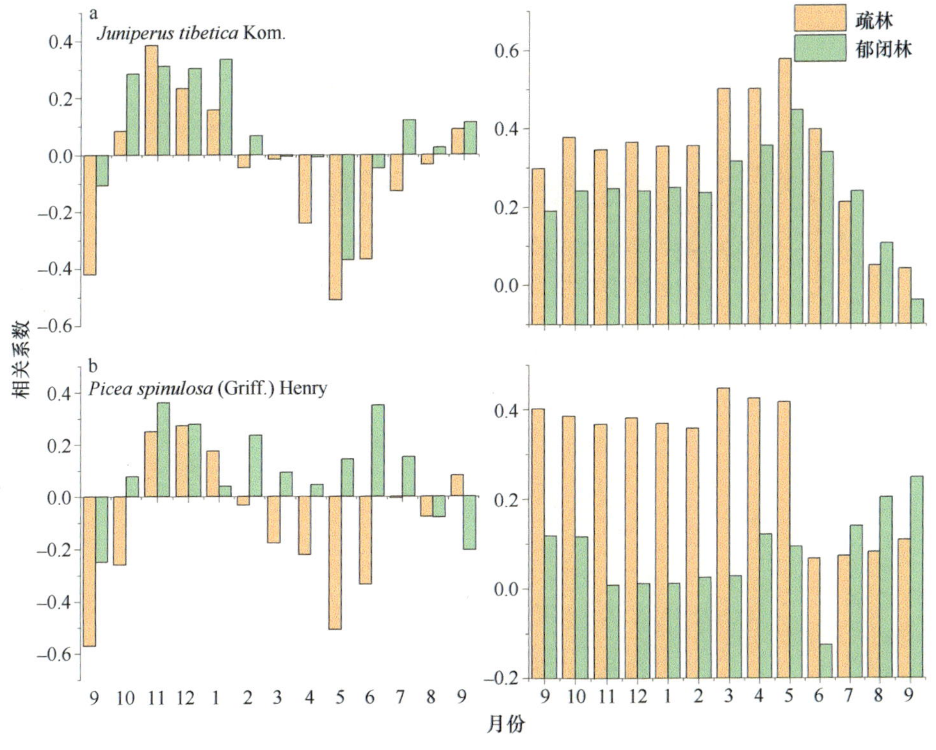

图 7-8　西藏昌都市卡若区疏林和郁闭林大果圆柏（a）、西藏云杉（b）与气候因子的相关性

7.3.2　树轮密度

由于树轮密度数据的获得依赖于密度仪及复杂的测量过程，目前青藏高原上有关树轮密度的研究相对较少。Duan 和 Zhang（2014）利用藏东南八宿县和左贡县共计 92 个川西云杉（*Picea likiangensis* var. *rubescens*）样本建立了 1563～2011 年的区域树轮密度年表，发现在有气象记录的 1961～2011 年树轮最大晚材密度与周边气象站点 4～9 月平均温度的相关系数为 0.57（图 7-9）。在 1565～1592 年、1769～1790 年、1928～1970 年及 1992～2011 年，树轮最大晚材密度呈现高值，

而在1638～1675年、1792～1827年、1856～1877年及1903～1924年，树轮最大晚材密度偏低，反映了过去温度变化的历史（图7-10）。

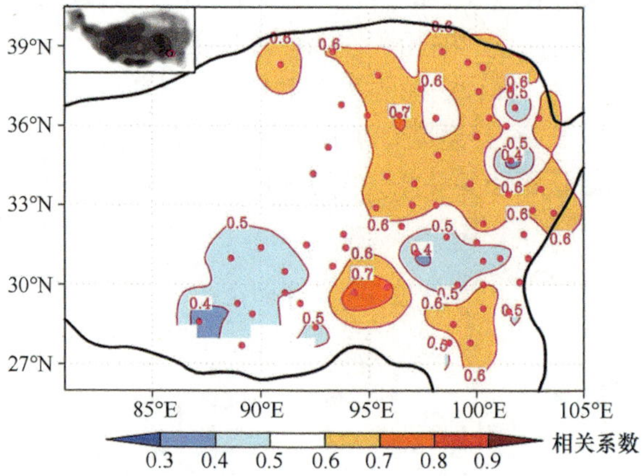

图7-9 藏东南川西云杉树轮最大晚材密度与温度的空间相关

气象数据为4～9月平均温度，相关分析区间为1961～2011年

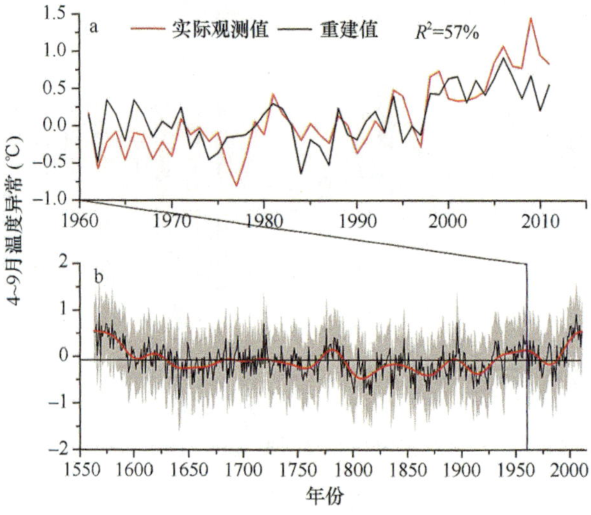

图7-10 藏东南川西云杉树轮密度年表重建4～9月温度

a为1961年以来4～9月温度重建值与实际观测值的对比；b为过去449年的温度重建

研究指出，青藏高原多地树轮密度序列变化具有空间一致性，树轮密度的变化可能与太阳活动对温度的影响有关（图7-11）。

利用西藏昌都市4个采样点的川西云杉样本，Xing等（2014）建立了245年（1765～2009年）树轮最大晚材密度的区域年表（图7-12），发现其与8～9月温度呈现显著正相关关系，年表没有显示出气温变暖的趋势。

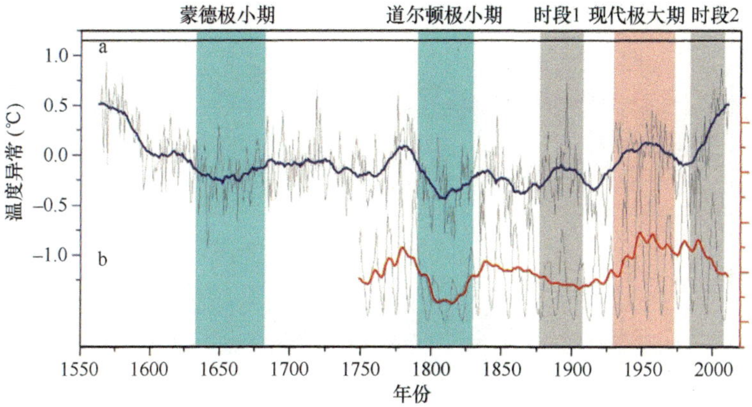

图 7-11　藏东南 4～9 月温度波动与太阳活动的关系

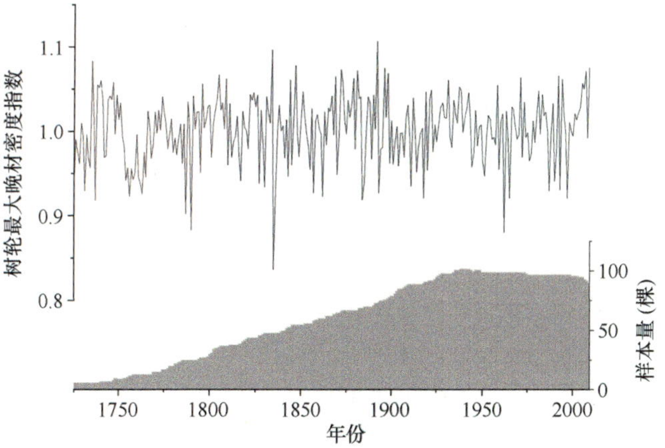

图 7-12　昌都市川西云杉树轮最大晚材密度年表

Duan 等(2017)依据青藏高原南部 5 个采样点 153 棵云杉的 175 个样本(表 7-1)，建立了树轮宽度及密度年表，发现树轮宽度反映冬季温度而树轮密度反映夏季温度，进而发现 19 世纪 70 年代后冬夏温差有减小的趋势，研究认为，这可能与人类活动释放的气溶胶浓度上升有关系（图 7-13）。

表 7-1　青藏高原东南部 5 个树轮采样点信息

样点	编号	经度（E）	纬度（N）	海拔（m）	时间段（年）	树/芯（棵/根）
左贡县	ZG	97°55′	29°59′	3900～4100	1509～2010	69/69
八宿县	BD	97°25′	30°05′	4200～4305	1512～2011	20/20
八宿县	RW	96°45′	29°31′	4280～4337	1635～2010	25/25
昌都市卡若区	CD	96°58′	31°04′	4150	1688～2000	19/33
左贡县	ZG2	97°54′	29°59′	4500	1653～2000	20/28

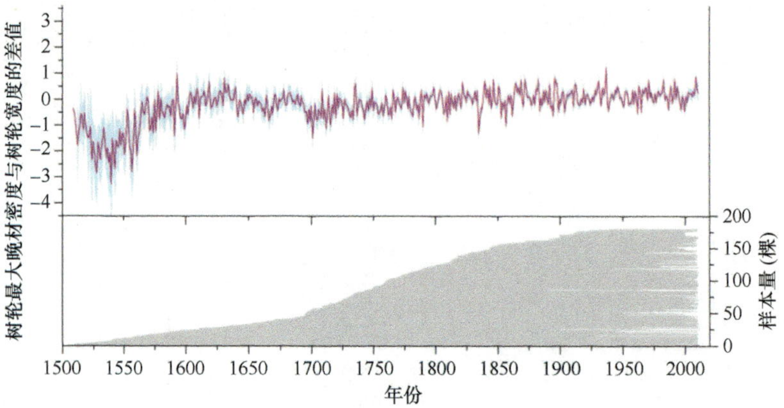

图 7-13 青藏高原南部川西云杉树轮最大晚材密度与树轮宽度差值序列

在青藏高原东部，Wang 等（2010）在昌都市建立了 1695～2000 年的云杉树轮最大晚材密度年表，Duan 等（2010）在贡嘎山东坡建立了 2 个冷杉（*Abies fabri*）树轮最大晚材密度年表，均表明树轮密度与 8～9 月温度存在显著正相关关系。Yin 等（2015）在川西建立了 1610～2009 年的云杉树轮密度年表，发现与 4～9 月温度呈正相关关系。除此以外，Brauning 和 Mantwill（2004）、Fan 等（2009b）的研究也显示出树轮密度与夏季温度的相关性。

7.3.3 树轮稳定性同位素

青藏高原树轮 ^{13}C 与 ^{18}O 同位素的研究相对较多，尚未有氢稳定性同位素的研究报道。Xu 等（2017b）研究了阿尼玛卿山祁连圆柏树轮中的氧同位素（$\delta^{18}O$），发现氧同位素的变化与 5～6 月降水呈显著正相关关系，但幼树在前 10 年生长中的同位素值会低于老树，同时指出树木所在的海拔、树轮取样高度对氧同位素的变化无显著影响。

在藏东及藏东南地区，Zeng 等（2017）探究了急尖长苞冷杉（*Abies georgei* var. *smithii*）5 年季节性和 62 年早晚材的碳（$\delta^{13}C$）、氧同位素序列，并利用过程模型检验了环境和生理因子对同位素指标的控制作用，发现碳、氧同位素均与相对湿度的变化相关，但具有不同的影响过程，氧同位素具有更强的气候指示性。Xu 等（2017a）对西藏新措冰川终碛附近 4 株沙棘和 4 株冷杉 1951～2010 年氧同位素进行了分析，结果表明树轮 $\delta^{18}O$ 变化与取样高度和微环境没有显著关系，与 7～8 月相对湿度呈显著正相关关系。Shi 等（2012）对藏东南波密地区过去 2 个世纪林芝云杉树轮 $\delta^{18}O$ 进行了研究，发现树轮 $\delta^{18}O$ 在树木个体间及幼树与老树间差异不大，而与夏季区域云量之间存在显著的负相关关系。19 世纪初存在氧同位素的异常升高，可能与火山爆发导致的气溶胶浓度上升有关（图 7-14）。

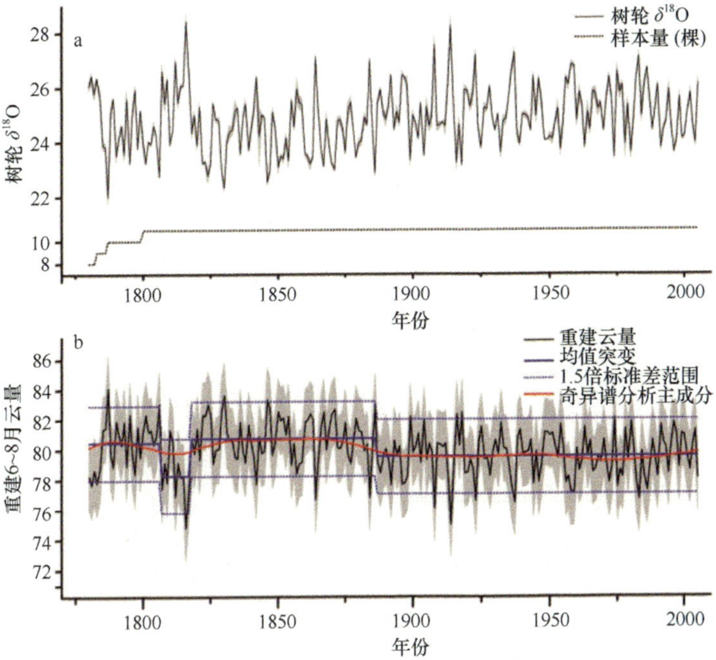

图 7-14　波密地区云杉树轮氧同位素序列及云量反演

a 为树轮氧同位素序列及样本量，b 为重建云量序列

对喜马拉雅山北坡亚东县 3 个铁杉（*Tsuga chinensis* Pritz.）样本树轮氧同位素的分析表明，一阶差处理后的氧同位素序列较原始序列有更高的树间相关性，氧同位素的变化受夏季相对湿度和降水的影响（李强等，2017）。

树轮氧同位素变化除与气候因素相关外，也可说明水分来源。例如，Zeng 等（2016）从不同海拔的冷杉氧同位素季节内变化推断出水分来源的印度季风变化特征。Wernicke 等（2017）利用 6 个样点的树轮同位素资料，结合回溯轨迹模型探究了青藏高原地区的水汽来源，发现南端的样点更多地受到“雨量效应”的影响，较干旱地区的树轮氧同位素更多地受到水汽来源的影响。当印度洋水汽输送到喜马拉雅山南坡时，强大的地形阻碍导致水汽抬升形成降水，进而导致喜马拉雅山北坡地区树木中氧稳定性同位素降低（Brauning，1999；Sano et al.，2017；Xu et al.，2018）。

Wang 等（2018）分析了川西云杉树轮中 ^{13}C 的变化，发现 1851～2009 年川西云杉的水分利用效率上升了约 30.4%，促进了树木径向生长。

7.4　树木生长的时空格局

青藏高原受到西风带、南亚季风等气候系统的影响（Araguás-Araguás and Froehlich，1998；Tian et al.，2001；Liu et al.，2008），加之复杂的地形，使得不

同地区的树木具有不同的生长特征。为了明确青藏高原时空大尺度上的森林生长特征，Zhang 等（2015）利用青藏高原 23 个样点的柏树树木年轮宽度数据分析了过去 550 年中树木生长空间特征（图 7-15）。这 23 个样点的树轮年表均与 5～6 月 PDSI 呈现显著的正相关，显示出水分是树木生长的主要限制因子。对这 23 个样点树轮数据的公共区间 1753～2000 年进行主成分与聚类分析后发现，33°N 以北的 9 个样点与南部 14 个样点的树轮年表有不同表现（图 7-16）。对北部和南部树轮年表分别进行综合分析，得到的南北两年表显示，在公元 1463～1502 年及 1693～1734 年南北树木生长差异尤为显著，研究结果为进一步分析高原树木生长过程及气候系统的变化规律提供了基础信息。

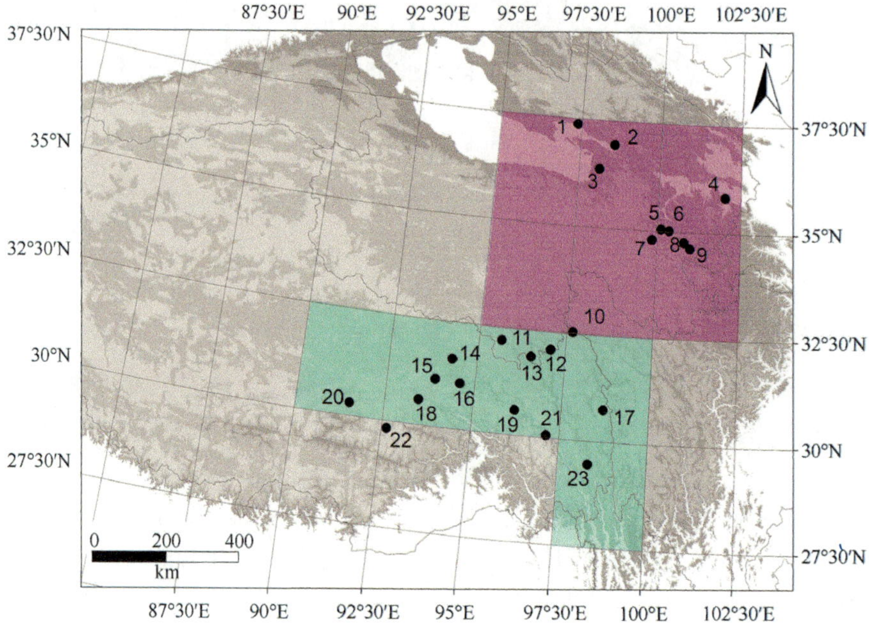

图 7-15　青藏高原 23 个树木年轮采样点位置

青藏高原树木年轮数据的积累也促进了对大空间尺度上树木生长过程和物候特征的研究。Yang 等（2017a）基于青藏高原 50 个树木年轮样点的数据，利用 VS 模型模拟了 1960～2014 年树木生长及物候特征，发现青藏高原树木生长季开始自 1960 年以来以每年 0.28 天的速率提前，同时自 1982 年以来生长季结束以每年 0.33 天的速率推迟，4～6 月及 8～9 月最低温是驱动树木生长季开始和结束时间的主要气候因子。生理模型的应用使得气候变化背景下森林径向生长的变化得以解释（Yang et al.，2017a）。He 等（2018b）基于对青藏高原 20 个样点的树木年轮数据和 VS 模型的研究，发现生长季开始时间及长度显著影响了 70%的树木木质部形成，较宽的年轮宽度主要得益于生长季开始较早和较长的生长季时期。

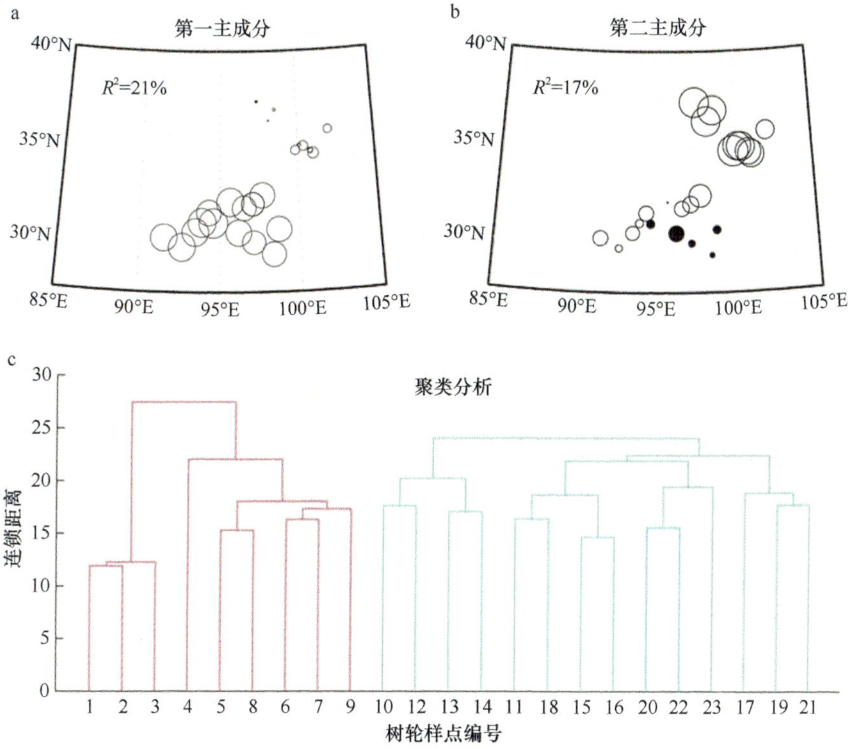

图 7-16　青藏高原 23 个样点在公共区间上的主成分及聚类分析

公共区间为 1753～2000 年；a，b 分别为第一和第二主成分，c 为聚类分析结果

研究过去的气候变化和森林动态更多是为了了解在未来气候变化下森林的状况。Zhang 等（2017b）利用气候-树木生长回归模型研究了青藏高原东南缘受温度限制的森林扩张，发现在 RCP 2.6 情景下，2006～2045 年的树木径向生长增加，而在此之后发生衰退。He 等（2018a）依据形成层物候与树轮宽度之间的关系模拟了 CMIP5 情景（Coupled Model Intercomparison Project Phase 5）3 个 CO_2 排放模式（representative concentration pathway，RCP，3 个 RCP 分别为 2.6、6.0 和 8.5）下青藏高原树木生长季时长，指出 2015～2100 年生长季平均延长速率分别为 0.21 天/年、0.36 天/年和 0.50 天/年。

值得注意的是，如果利用树木年轮来推测过去气候与环境变化时，就不能从推测的气候与环境变化来反过来论证它们对树木生长的影响，否则就会产生循环论证的错误。

第8章　研究展望

本书介绍了青藏高原的树木生态弹性、森林衰退、高山林线研究及积累的树轮数据信息，展示了高原上树木年轮生态学的最新研究进展，今后在该领域还需加强以下几个方面的研究。

（1）树木生态弹性的时空特征及形成机制

青藏高原的高山地形、河流交错及各类自然干扰给高原森林环境带来了较大的空间异质性，树木生态弹性的空间格局及形成机制是一个重要的科学问题。另外，高原树木生长对全球气候变化及自然干扰响应敏感，树木生态弹性及其空间格局在时间上的稳定性也是需要回答的科学问题。从实例研究积累数据到系统的理论研究是解决这一问题的途径。

目前人们多从宏观角度开展研究，极少从生理角度出发探讨生态弹性的发生机制。除外部环境影响树木生态弹性外，森林内部要素如树木生长一致性也影响着树木生态弹性的表达，但更深层次的机制依旧不得而知。是否存在某一种或多种基因影响着树木的抵抗力和恢复力，在不同极端事件下树木是否具有不同的生理应对机制，这些问题亟待进一步思考和研究。

（2）生态干扰与森林健康

青藏高原极端干旱或寒冷事件，以及森林虫害、火灾、雪崩等自然干扰可影响森林健康，工业发展带来的大气气溶胶浓度变化、水和土壤污染，以及砍伐、放牧、过度旅游对生境的破坏等人类活动也可影响森林健康，引发森林衰退甚至死亡。森林健康风险有时短期就会突显，有时长期才得以体现，而且不同地区表现的程度存在差异。目前我们对这些森林健康风险的发生还无法定量评估和预警，如何从局地到区域尺度认识森林健康风险并预估其未来情景是当前科学界在全球变化风险评估领域的热点和难点，也是当前美丽中国和绿色发展国家需求中区域健康风险评估的关键。

（3）高山林线的种类及形成机制

青藏高原平均海拔超过4000m，拥有众多高山，是研究林线的理想场所，在该领域需要继续加强对树轮生态学的研究。第一，在空间上高山林线具有多种多样的类型，调查林线种类的分布对于认识林线特征具有重要意义。第二，不同种类的林线是否具有不同的形成机制是一个有待回答的科学问题。第三，从林线树木的生长历史和林线生态过渡带树木的空间结构分析树木生态弹性、干扰历史及森林健康风险是重要的研究内容。

（4）古树的建档

古树的普查建档与保护是一项重要和长期的工作，古树树木年轮中记载着丰富的信息，包括树龄、生长健康变化、过去气候与环境变化及社会变化等历史，这些信息是古树保护价值的具体体现。青藏高原古树资源丰富，对古树生长信息的建档与展示是促进古树保护和科普教育的重要举措。

（5）树轮生态学多指标研究

目前青藏高原的树轮生态学研究主要以树轮宽度数据为基础，深入认识森林生态过程与格局还需要加强对树轮密度、稳定性同位素、树干径向日生长等多指标的研究。认识不同指标的变化过程，以及它们在不同树种和不同空间的差别，结合青藏高原冰芯、湖底沉积、石笋和文献记载等资料开展多学科交叉研究，有助于扩展历史信息，加深对过去生态过程更加明确的理解，是未来重要的研究方向之一。

（6）全球气候变化对青藏高原森林生态系统影响的多维度模拟研究

全球气候变化正在深刻地影响着青藏高原森林生态系统的结构与功能，准确预测森林的未来动态，是制订合理保护措施以维护森林可持续服务功能的关键。因此，利用树木年轮资料的时空优势，结合群落与生态系统生态学方法，开展森林生态系统响应全球气候变化的多维度模拟研究将是未来研究的重点之一。

青藏高原受到人类活动的影响较小，拥有大片保护较好的成熟林，具有海拔高、树龄大、对气候变化和自然干扰敏感等特点，是开展树木年轮生态学研究的理想区域。我们应当开拓新视野，寻求新方法，从局部到整体开展系统的高原树木年轮生态学研究，并将研究成果服务于森林生态系统服务功能的可持续维护和国家生态安全的战略建设中。

参 考 文 献

崔海亭, 刘鸿雁, 戴君虎. 2005. 山地生态学与高山林线研究. 北京: 科学出版社.

勾晓华, 陈发虎, 王亚军, 等. 2001. 利用树轮宽度重建近 280a 来祁连山东部地区的春季降水. 冰川冻土, 23(3): 292-296.

勾晓华, 邵雪梅, 王亚军, 等. 1999. 祁连山东部地区树木年轮年表的建立. 中国沙漠, 19(4): 364-367.

国家统计局, 环境保护部. 2017. 中国环境统计年鉴. 北京: 中国统计出版社.

侯佳文, 海米提•依米提, 叶茂. 2015. 博斯腾湖滨柽柳 (*Tamarix ramosissina*) 生长对湖水位的敏感性. 中国沙漠, (3): 667-673.

黄磊, 邵雪梅, 刘洪滨, 等. 2006. 青海德令哈地区千年来降水量的突变分析. 地理学报, 61(7): 43-49.

蒋进, 高海峰. 1992. 柽柳属植物抗旱性排序研究. 干旱区研究, 4: 41-45.

康兴成, Lisa J Graumlich, Paul R Sheppard. 1997. 青海都兰地区 1835a 年轮序列的建立和初步分析. 科学通报, 10: 1089-1091.

康兴成, 程国栋, 康尔泗, 等. 2002. 用树轮资料重建黑河近千年来出山口径流量. 中国科学: 地球科学, 32(8): 675-685.

李明启, 邵雪梅. 2016. 基于树轮资料初探过去千年强火山喷发与青藏高原东部温度变化关系. 地球科学进展, 31(6): 634-642.

李强, 刘禹, Takeshi Nakatsuka, 等. 2017. 西藏亚东地区铁杉树轮样本稳定氧同位素的气候响应. 地球环境学报, 8(1): 6-14.

李晓霞. 2015. 藏东南林线主要树种形成层活动季节变化及其低温限制阈值. 中国科学院大学博士学位论文.

林光辉. 2013. 稳定同位素生态学. 北京: 高等教育出版社.

刘洪滨, 邵雪梅, 黄磊, 等. 2005. 青海省海西州德令哈地区近千年来年降水量变化特征分析. 第四纪研究, 25(2): 58-65.

刘娟, 邓徐, 吕利新. 2015. 西藏八宿川西云杉树线过渡区树木生长与气候关系的一致性. 植物生态学报, 39(5): 442-452.

刘录三, 邵雪梅, 梁尔源, 等. 2006. 祁连山中部祁连圆柏生长与更新方式的树轮记录. 地理研究, 25(1): 53-61.

刘晓宏, 秦大河, 邵雪梅, 等. 2004. 祁连山中部过去近千年温度变化的树轮记录. 中国科学: 地球科学, 34(1): 89-95.

路明, 勾晓华, 张军周, 等. 2015. 祁连山东部祁连圆柏(*Sabina przewalskii*)径向生长动态及其对环境因子的响应. 第四纪研究, 35(5): 1201-1208.

马仁义. 2009. 水分胁迫对侧柏和祁连圆柏的生理生态特性的影响. 兰州大学硕士学位论文.

聂昌远. 2016. 青藏高原东南部比如与昌都千年树轮年表与气候变化. 中国科学院植物研究所

博士学位论文.
秦宁生, 靳立亚, 时兴合, 等. 2004. 利用树轮资料重建通天河流域 518 年径流量. 地理学报, 59(4): 550-556.
邵雪梅, 范金梅. 1999. 树轮宽资料所指示的川西过去气候变化. 第四纪研究, 19(1): 81-89.
邵雪梅, 黄磊, 刘洪滨, 等. 2004. 树轮记录的青海德令哈地区千年降水变化. 中国科学: 地球科学, 34(2): 145-153.
史玉炜, 王燕凌, 李文兵, 等. 2007. 水分胁迫对刚毛柽柳可溶性蛋白, 可溶性糖和脯氨酸含量变化的影响. 新疆农业大学学报, 30(2): 5-8.
宋馥杉, 张齐兵. 2018. 古树名木树龄坚定及其科研价值研究. 国土绿化, 295: 50-51.
汪舟, 方欧娅. 2017. 山东蒙山森林冠层绿度与树干径向生长的关系. 生态学报, 37(22): 7514-7527.
王霞, 侯平, 尹林克, 等. 2002. 土壤水分胁迫对柽柳体内膜保护酶及膜脂过氧化的影响. 干旱区研究, 19(3): 17-20.
王襄平, 张玲, 方精云. 2004. 中国高山林线的分布高度与气候的关系. 地理学报, 6: 871-879.
王亚军, 陈发虎, 勾晓华. 2001. 利用树木年轮资料重建祁连山中段春季降水的变化. 地理科学, 21(4): 373-377.
王亚军, 陈发虎, 勾晓华. 2004. 黑河 230a 以来 3～6 月径流的变化. 冰川冻土, 26(2): 202-206.
肖丁木, 黄小梅, 秦宁生. 2017. 树轮记录的黄河源区过去 390a 流量变化. 自然资源学报, 32(9): 1568-1578.
杨维康, 张道远, 尹林克, 等. 2002. 新疆柽柳属植物 (*Tamarix* L.) 的分布与群落相似性聚类分析. 干旱区研究, 19(3): 6-11.
曾令兵. 2012. 祁连山段高山林线交错区动态与气候变化的关系. 北京林业大学硕士学位论文.
张芬, 陈巧湄, 苏佳佳, 等. 2017. 树轮记录的西北季风边缘区干旱变化. 冰川冻土, 39(2): 245-251.
张桥英. 2006. 青藏高原东缘高山林线乔木种群生态特征研究. 中国科学院研究生院(成都生物研究所)博士学位论文.
张生寅, 杜常顺. 2014. 青海历史. 北京: 民族出版社.
张雪莲, 仇士华. 2006. 夏商周断代工程中应用的系列样品方法测年及相关问题. 考古, 2: 81-89.
张镱锂, 李炳元, 郑度. 2002. 论青藏高原范围与面积. 地理研究, 21(1): 1-8.
张志华, 吴祥定. 1997. 利用树木年轮资料恢复祁连山地区近 700 年气候变化. 科学通报, 8: 849-851.
赵中振, 唐晓军, 胡梅. 1990. 判断树龄的新方法: CN1046832A.
郑楠, 魏东波, 张立凯. 2009. 基于 CT 图像的树木测龄法. 全国射线数字成像与 CT 新技术研讨会论文集. 上海: 48-53.
钟祥浩, 王小丹. 2008. 西藏高原生态安全. 北京: 科学出版社.
朱教君, 李凤芹. 2007. 森林退化衰退的研究与实践. 应用生态学报, 18(7): 1601-1609.
Adams H D, Germino M J, Breshears D D, et al. 2013. Nonstructural leaf carbohydrate dynamics of *Pinus edulis* during drought-induced tree mortality reveal role for carbon metabolism in mortality mechanism. New Phytologist, 197(4): 1142-1151.
Allen C D, Breshears D D, Mcdowell N G. 2015. On underestimation of global vulnerability to tree mortality and forest die-off from hotter drought in the Anthropocene. Ecosphere, 6(8): art129: 1-55.
Allen C D, Macalady A K, Chenchouni H, et al. 2010. A global overview of drought and heat-induced

tree mortality reveals emerging climate change risks for forests. Forest Ecology and Management, 259(4): 660-684.

Allen C R, Angeler D G, Cumming G S, et al. 2016. Quantifying spatial resilience. Journal of Applied Ecology, 53(3): 625-635.

Alliance R. 2010. Assessing resilience in social-ecological systems: workbook for practitioners. Version 2.0. http://www.resalliance.org/3871.php [2019-1-28].

Amoroso M M, Daniels L D, Larson B C. 2012. Temporal patterns of radial growth in declining *Austrocedrus chilensis* forests in Northern Patagonia: The use of tree-rings as an indicator of forest decline. Fuel and Energy Abstracts, 265(1): 62-70.

Anderegg W R L, Schwalm C, Biondi F, et al. 2015. Pervasive drought legacies in forest ecosystems and their implications for carbon cycle models. Science, 349(6247): 528-532.

Anderegg W R, Kane J M, Anderegg L D. 2013. Consequences of widespread tree mortality triggered by drought and temperature stress. Nature Climate Change, 3(1): 30-36.

Anderegg W R, Klein T, Bartlett M, et al. 2016. Meta-analysis reveals that hydraulic traits explain cross-species patterns of drought-induced tree mortality across the globe. Proceedings of the National Academy of Sciences of the United States of America, 113(18): 5024-5029.

Araguás-Araguás L, Froehlich K. 1998. Stable isotope composition of precipitation over southeast Asia. Journal of Geophysical Research Atmospheres, 103(D22): 28721-28742.

Asad F, Zhu H F, Jan F, et al. 2018. Growth response of *Pinus wallichiana* to climatic factors from the Chiraah Karakoram Region, Northern Pakistan. Pakistan Journal of Botany, 50(5): 1805-1810.

Asad F, Zhu H F, Liang E Y, et al. 2017. Climate signal in tree-ring width chronologies of *Pinus wallichiana* from the Karakoram Mountains in Northern Pakistan. Pakistan Journal of Botany, 49(6): 2465-2473.

Berdanier A B. 2010. Global treeline position. Nature Education Knowledge, 3(10): 11.

Blackman F F. 1905. Optima and limiting factors. Annals of Botany, 19(74): 281-295.

Bliss L C. 1985. Physiological Ecology in North America Plant Communities. New York: Champan & Hall: 41-65.

Brauning A, Mantwill B. 2004. Summer temperature and summer monsoon history on the Tibetan plateau during the last 400 years recorded by tree rings. Geophysical Research Letters, 31(24): L24205.

Brauning A. 1999. Dendroclimatological potential of drought-sensitive tree stands in southern Tibet for the reconstruction of monsoonal activity. Iawa Journal, 20(3): 325-338.

Bréda N, Huc R, Granier A, et al. 2006. Temperate forest trees and stands under severe drought: a review of ecophysiological responses, adaptation processes and long-term consequences. Annals of Forest Science, 63(6): 625-644.

Bretfeld M, Doerner J P, Franklin S B. 2015. Radial growth response and vegetative sprouting of aspen following release from competition due to insect-induced conifer mortality. Forest Ecology and Management, 347: 96-106.

Briffa K R, Jones P D, Bartholin T S, et al. 1992. Fennoscandian summers from ad 500: temperature changes on short and long timescales. Climate Dynamics, 7(3): 111-119.

Briffa K R, Melvin T M. 2011. A Closer Look at Regional Curve Standardization of Tree-ring Records: Justification of the Need, a Warning of Some Pitfalls, and Suggested Improvements in Its Application. Dordrecht: Springer: 113-145.

Briffa K, Jones P. 1990. Basic chronology statistics and assessment. *In*: Cook E R, Kairiukstis L A. Methods of Dendrochronology: Applications in the Environmental Sciences. Dordrecht: Kluwer Academic Publishers.

Brown J H. 1984. On the relationship between abundance and distribution of species. The American Naturalist, 124(2): 255-279.

Buras A. 2017. A comment on the expressed population signal. Dendrochronologia, 44: 130-132.

Bussotti F, Ferretti M. 1998. Air pollution, forest condition and forest decline in Southern Europe: an overview. Environmental Pollution, 101(1): 49-65.

Cailleret M, Nourtier M, Amm A, et al. 2014. Drought-induced decline and mortality of silver fir differ among three sites in Southern France. Annals of Forest Science, 71(6): 643-657.

Carnicer J, Coll M, Ninyerol M, et al. 2011. Widespread crown condition decline, food web disruption, and amplified tree mortality with increased climate change-type drought. Proceedings of the National Academy of Sciences of the United States of America, 108(4): 1474-1478.

Carpenter S, Walker B, Anderies J M, et al. 2001. From metaphor to measurement: resilience of what to what? Ecosystems, 4(8): 765-781.

Cavin L, Jump A S. 2017. Highest drought sensitivity and lowest resistance to growth suppression are found in the range core of the tree *Fagus sylvatica* L. not the equatorial range edge. Global Change Biology, 23(1): 362-379.

Chen F, Wang H Q, Yuan Y J. 2017a. Two centuries of temperature variation and volcanic forcing reconstructed for the northern Tibetan Plateau. Physical Geography, 38(3): 248-262.

Chen F, Zhang Y, Shao X M, et al. 2016. A 2000-year temperature reconstruction in the Animaqin Mountains of the Tibet Plateau, China. The Holocene, 26(12): 1904-1913.

Chen L, Huang J G, Alam S A, et al. 2017b. Drought causes reduced growth of trembling aspen in western Canada. Global Change Biology, 23(7): 2887-2902.

Cole L E S, Bhagwat S A, Willis K J. 2014. Recovery and resilience of tropical forests after disturbance. Nature Communications, 5: 3906.

Cole-Dai J, Ferris D, Lanciki A, et al. 2009. Cold decade (AD 1810–1819) caused by Tambora (1815) and another (1809) stratospheric volcanic eruption. Geophysical Research Letters, 36(22): L22703.

Cook E R, Johnson A H, Blasing T J. 1987. Forest decline: modeling the effect of climate in tree rings. Tree Physiology, 3(1): 27-40.

Cook E R, Kairiukstis L A. 1990. Methods of Dendrochronology. Dordrecht: Kluwer Academic Publishers.

Cook E R. 1985. A time series analysis approach to tree ring standardization (dendrochronology, forestry, dendroclimatology, autoregressive process). Tucson: The University of Arizona.

Dai A, Trenberth K E, Karl T R. 1999. Effects of clouds, soil moisture, precipitation, and water vapor on diurnal temperature range. Journal of Climate, 12(8): 2451-2473.

Deng X, Zhang Q B. 2015. Tree growth and climate sensitivity in open and closed forests of the southeastern Tibetan Plateau. Dendrochronologia, 33: 25-30.

Ding H, Pretzsch H, Schutze G, et al. 2017. Size-dependence of tree growth response to drought for Norway spruce and European beech individuals in monospecific and mixed-species stands. Plant Biology, 19(5): 709-719.

Dixon R K, Solomon A M, Brown S, et al. 1994. Carbon pools and flux of global forest ecosystems. Science, 263(5144): 185-190.

Dolezal J, Kopecky M, Dvorsky M, et al. 2019. Sink limitation of plant growth determines treeline in the arid Himalayas.

Duan A M, Wu G X, Liu Y M, et al. 2012. Weather and climate effects of the Tibetan Plateau. Advances in Atmospheric Sciences, 29(5): 978-992.

Duan J P, Esper J, Buntgen U, et al. 2017. Weakening of annual temperature cycle over the Tibetan

Plateau since the 1870s. Nature Communications, 8: 14008.

Duan J P, Wang L, Li L, et al. 2010. Temperature variability since AD 1837 inferred from tree-ring maximum density of *Abies fabri* on Gongga Mountain, China. Chinese Science Bulletin, 55(26): 3015-3022.

Duan J P, Zhang Q B. 2014. A 449 year warm season temperature reconstruction in the southeastern Tibetan Plateau and its relation to solar activity. Journal of Geophysical Research-Atmospheres, 119(20): 11578-11592.

Ellison D, Morris C E, Locatelli B, et al. 2017. Trees, forests and water: Cool insights for a hot world. Global Environmental Change, 43: 51-61.

Elmqvist T, Folke C, Nyström M, et al. 2003. Response diversity, ecosystem change, and resilience. Frontiers in Ecology and the Environment, 1(9): 488-494.

Esper J, Krusic P J, Ljungqvist F C, et al. 2016. Ranking of tree-ring based temperature reconstructions of the past millennium. Quaternary Science Reviews, 145: 134-151.

Fan Z X, Brauning A, Cao K F, et al. 2009a. Growth-climate responses of high-elevation conifers in the central Hengduan Mountains, southwestern China. Forest Ecology and Management, 258(3): 306-313.

Fan Z X, Brauning A, Yang B, et al. 2009b. Tree ring density-based summer temperature reconstruction for the central Hengduan Mountains in southern China. Global and Planetary Change, 65(1-2): 1-11.

Fang K Y, Gou X H, Chen F H, et al. 2009. Response of regional tree-line forests to climate change: evidence from the northeastern Tibetan Plateau. Trees-Structure and Function, 23(6): 1321-1329.

Fang O Y, Alfaro R I, Zhang Q B. 2018. Tree rings reveal a major episode of forest mortality in the late 18th century on the Tibetan Plateau. Global and Planetary Change, 163: 44-50.

Fang O Y, Zhang Q B. 2019. Tree resilience to drought increases in the Tibetan Plateau. Global Change Biology, 25(1): 245-253.

Fleitmann D, Burns S J, Neff U, et al. 2004. Palaeoclimatic interpretation of high-resolution oxygen isotope profiles derived from annually laminated speleothems from Southern Oman. Quaternary Science Reviews, 23(7-8): 935-945.

Flores B, Holmgren M, Xu C, et al. 2017. Floodplains as an Achilles' heel of Amazonian forest resilience. Proceedings of the National Academy of Sciences of the United States of America, 114(17): 4442-4446.

Ford K R, Harrington C A, Bansal S, et al. 2016. Will changes in phenology track climate change? A study of growth initiation timing in coast Douglas - fir. Global Change Biology, 22(11): 3712-3723.

Fritts H C, Swetnam T W. 1989. Dendroecology: a tool for evaluating variations in past and present forest environments. Advances in Ecological Research, 19(4): 111-188.

Fritts H C. 1976. Tree Rings and Climate. San Diego: Academic Press.

Fritz H. 1988. Tree Rings: Basics and Applications of Dendrochronology. Dordrecht: Kluwer Academic Publishers.

Gaire N P, Koirala M, Bhuju D R, et al. 2014. Treeline dynamics with climate change at the central Nepal Himalaya. Climate of the Past, 10(4): 1277-1290.

Gaire N P, Koirala M, Bhuju D R, et al. 2017. Site- and species-specific treeline responses to climatic variability in eastern Nepal Himalaya. Dendrochronologia, 41: 44-56.

Gale J. 1972. Availability of carbon dioxide for photosynthesis at high altitudes: theoretical considerations. Ecology, 53(3): 494-497.

Gao L L, Gou X H, Deng Y, et al. 2013. Dendroclimatic response of *Picea crassifolia* along an altitudinal gradient in the Eastern Qilian Mountains, Northwest China. Arctic Antarctic and Alpine Research, 45(4): 491-499.

Gao L L, Gou X H, Deng Y, et al. 2017. Assessing the influences of tree species, elevation and climate on tree-ring growth in the Qilian Mountains of northwest China. Trees-Structure and Function, 31(2): 393-404.

Gao S, Liu R S, Zhou T, et al. 2018. Dynamic responses of tree-ring growth to multiple dimensions of drought. Global Change Biology, 24(11): 5380-5390.

Gauthier S, Bernier P, Kuuluvainen T, et al. 2015. Boreal forest health and global change. Science, 349(6250): 819-822.

Gazol A, Camarero J J, Anderegg W R L, et al. 2017. Impacts of droughts on the growth resilience of Northern Hemisphere forests. Global Ecology and Biogeography, 26(2): 166-176.

Gazol A, Camarero J J, Vicente-Serrano S M, et al. 2018. Forest resilience to drought varies across biomes. Global Change Biology, 24(5): 2143-2158.

Ge Q S, Zheng J Y, Fang X Q, et al. 2003. Winter half-year temperature reconstruction for the middle and lower reaches of the Yellow River and Yangtze River, China, during the past 2000 years. The Holocene, 13(6): 933-940.

Gea-Izquierdo G, Martín-Benito D, Cherubini P, et al. 2009. Climate-growth variability in *Quercus ilex* L. west Iberian open woodlands of different stand density. Annals of Forest Science, 66(8): 802.

George L O, Bazzaz F A. 1999. The fern understory as an ecological filter: growth and survival of canopy-tree seedlings. Ecology, 80(3): 846-856.

Germino M J, Smith W K. 1999. Sky exposure, crown architecture, and low-temperature photoinhibition in conifer seedlings at alpine treeline. Plant, Cell and Environment, 22(4): 407-415.

Girardin M P, Guo X J, De Jong R, et al. 2014. Unusual forest growth decline in boreal North *America covaries* with the retreat of Arctic sea ice. Global Change Biology, 20(3): 851-866.

Gobbia M, Schlichter T. 1998. Survival of *Austrocedrus chilensis* seedlings in relation to microsite conditions and forest thinning. Forest Ecology and Management, 111: 137-146.

Gou X H, Chen F H, Cook E, et al. 2007. Streamflow variations of the Yellow River over the past 593 years in western China reconstructed from tree rings. Water Resources Research, 43(6): W06434.

Gou X H, Deng Y, Gao L L, et al. 2015. Millennium tree-ring reconstruction of drought variability in the eastern Qilian Mountains, northwest China. Climate Dynamics, 45(7-8): 1761-1770.

Gou X H, Zhang F, Deng Y, et al. 2012. Patterns and dynamics of tree-line response to climate change in the eastern Qilian Mountains, northwestern China. Dendrochronologia, 30(2): 121-126.

Gou X, Chen F, Yang M, et al. 2005. Climatic response of thick leaf spruce (*Picea crassifolia*) tree-ring width at different elevations over Qilian Mountains, northwestern China. Journal of Arid Environments, 61(4): 513-524.

Grießinger J, Bräuning A, Helle G, et al. 2011. Late Holocene Asian summer monsoon variability reflected by $\delta^{18}O$ in tree-rings from Tibetan junipers. Geophysical Research Letters, 38(3): L03701.

Griggs R F. 1946. The timberline of north America and their interpretation. Ecology, 27: 275-289.

Guarin A, Taylor A H. 2005. Drought triggered tree mortality in mixed conifer forests in Yosemite National Park, California, USA. Forest Ecology and Management, 218: 229-244.

Gunderson L H. 2000. Ecological resilience-in theory and application. Annual Review of Ecology and Systematics, 31(1): 425-439.

Hanna D P, Falk D A, Swetnam T W, et al. 2018. Age-related climate sensitivity in *Pinus Edulis* at Dinosaur National Monument, Colorado, USA. Dendrochronologia, 52: 40-47.

Harington C R. 1992. The year without a summer? World climate in 1816. Ottawa: Canadian Museum of Nature.

Harsch M A, Bader M Y. 2011. Treeline form—a potential key to understanding treeline dynamics. Global Ecology and Biogeography, 20(4): 582-596.

Harsch M A, Hulme P E, McGlone M S, et al. 2009. Are treelines advancing? A global meta-analysis of treeline response to climate warming. Ecology Letters, 12(10): 1040-1049.

He M H, Shishov V, Kaparova N, et al. 2017. Process-based modeling of tree-ring formation and its relationships with climate on the Tibetan Plateau. Dendrochronologia, 42: 31-41.

He M H, Yang B, Brauning A. 2013a. Tree growth-climate relationships of *Juniperus tibetica* along an altitudinal gradient on the southern Tibetan Plateau. Trees-Structure and Function, 27(2): 429-439.

He M H, Yang B, Brauning A, et al. 2013b. Tree-ring derived millennial precipitation record for the south-central Tibetan Plateau and its possible driving mechanism. Holocene, 23(1): 36-45.

He M H, Yang B, Shishov V, et al. 2018a. Projections for the changes in growing season length of tree-ring formation on the Tibetan Plateau based on CMIP5 model simulations. International Journal of Biometeorology, 62(4): 631-641.

He M H, Yang B, Shishov V, et al. 2018b. Relationships between wood formation and cambium phenology on the Tibetan Plateau during 1960-2014. Forests, 9(2): 86.

He M H, Yang B, Wang Z Y, et al. 2016. Climatic forcing of xylem formation in *Qilian juniper* on the northeastern Tibetan Plateau. Trees-Structure and Function, 30(3): 923-933.

Helman D, Lensky I M, Yakir D, et al. 2017. Forests growing under dry conditions have higher hydrological resilience to drought than do more humid forests. Global Change Biology, 23(7): 2801-2817.

Hember R A, Kurz W A, Coops N C. 2017. Relationships between individual-tree mortality and water-balance variables indicate positive trends in water stress-induced tree mortality across North America. Global Change Biology, 23(4): 1691-1710.

Henderson A C G, Holmes J A, Leng M J. 2010. Late Holocene isotope hydrology of Lake Qinghai, NE Tibetan Plateau: effective moisture variability and atmospheric circulation changes. Quaternary Science Reviews, 29(17-18): 2215-2223.

Hoch G, Körner C. 2012. Global patterns of mobile carbon stores in trees at the high-elevation tree line. Global Ecology and Biogeography, 21: 861-871.

Hodgson D, McDonald J L, Hosken D J. 2015. What do you mean, 'resilient'? Trends in Ecology and Evolution, 30(9): 503-506.

Hogg E H, Michaelian M, Hook T I, et al. 2017. Recent climatic drying leads to age-independent growth reductions of white spruce stands in western Canada. Global Change Biology, 23(12): 5297-5308.

Holling C S. 1973. Resilience and stability of ecological systems. Annual Review of Ecology and Systematics, 4(1): 1-23.

Holmes R L. 1983. Computer-assisted quality control in tree-ring dating and measurement. Tree-ring Bulletin, 43: 69-78.

Holtmeier F K. 2009. Mountain Timberlines: Ecology, Patchiness, and Dynamics. Münster: Springer Science & Business Media.

Huang J G, Zhang Q B. 2007. Tree rings and climate for the last 680 years in Wulan area of northeastern Qinghai-Tibetan Plateau. Climatic Change, 80(3-4): 369-377.

Huang L, Shao X M. 2006. Inter-decadal Variations of Precipitation in Recent Hundred Years in Delingha, Qinghai. Beijing: Science Press.

Huang M T, Wang X H, Keenan T F, et al. 2018. Drought timing influences the legacy of tree growth recovery. Global Change Biology, 24(8): 3546-3559.

Huang R, Zhu H, Liu X, et al. 2017. Does increasing intrinsic water use efficiency (iWUE) stimulate tree growth at natural alpine timberline on the southeastern Tibetan Plateau? Global and Planetary Change, 148: 217-226.

Hughes M K, Kelly P, Pilcher J, et al. 1982. Climate from Tree Rings. Cambridge: Cambridge University Press.

Immerzeel W W, van Beek L P H, Bierkens M F P. 2010. Climate change will affect the Asian water towers. Science, 328(5984): 1382-1385.

Isbell F, Craven D, Connolly J, et al. 2015. Biodiversity increases the resistance of ecosystem productivity to climate extremes. Nature, 526(7574): 574-577.

Jump A, Mátyás C, Peñuelas J. 2009. The altitude-for-latitude disparity in the range retractions of woody species. Trends in Ecology and Evolution, 24(12): 694-701.

Köppen W. 1919. Baumgrenze und lufttemperatur. Petermaans Geogr. Mitt., 65: 201-203.

Köppen W. 1936. Das geographische System der Klimate. Berlin: Gebruder Borntraeger.

Körner C, Paulsen J. 2004. A world-wide study of high altitude treeline temperatures. Journal of Biogeography, 31(5): 713-732.

Körner C. 1998. A re-assessment of high elevation treeline positions and their explanation. Oecologia, 115(4): 445.

Körner C. 2012. Alpine Treelines: Functional Ecology of the Global High Elevation Tree Limits. Basel: Springer-International Publisher.

Kramer S. 1989. Development and Morphology of Juvenile Western Juniper (*Juniperus occidentalis* Hook.). Corvallis: Oregon State University.

Kullman L. 2001. 20th century climate warming and tree-limit rise in the southern scandes of Sweden. Ambio, 30(2): 72-80.

Larsen J A. 1965. The vegetation of the Ennadai Lake Area, N. W. T.: studies in Subarctic and Arctic bioclimatology. Ecological Monographs, 35(1): 37-59.

Lenz O, Schär E, Schweingruber F. 1976. Methodische probleme bei der radiographisch-densitometrischen bestimmung der dichte und der Jahrringbreiten von Holz. Holzforschung-International Journal of the Biology, Chemistry, Physics and Technology of Wood, 30(4): 114-123.

Li J J, Shao X M, Qin N S, et al. 2018a. Runoff variations at the source of the Yangtze River over the past 639 years based on tree-ring data. Climate Research, 75(2): 131-142.

Li M H, Xiao W F, Wang S G, et al. 2008. Mobile carbohydrates in Himalayan treeline trees I. Evidence for carbon gain limitation but not for growth limitation. Tree Physiology, 28(8): 1287-1296.

Li M Q, Huang L, Yin Z Y, et al. 2017. Temperature reconstruction and volcanic eruption signal from tree-ring width and maximum latewood density over the past 304 years in the southeastern Tibetan Plateau. International Journal of Biometeorology, 61(11): 2021-2032.

Li M Y, Duan J P, Wang L, et al. 2018b. Late summer temperature reconstruction based on tree-ring density for Sygera Mountain, southeastern Tibetan Plateau. Global and Planetary Change, 163: 10-17.

Li X X, Rossi S, Liang E Y, et al. 2016. Temperature thresholds for the onset of xylogenesis in alpine shrubs on the Tibetan Plateau. Trees, 30(6): 2091-2099.

Li Y, Huang L, Shao X M, et al. 2015. Warming-induced decline of *Picea crassifolia* growth in the Qilian Mountains in recent decades. PLoS One, 10(6): e0129959.

Liang E Y, Balducci L, Ren P, et al. 2016c. Xylogenesis and moisture stress. Pages 45-58. *In:* Kim Y

S, Funada R, Singh A P. Secondary Xylem Biology. Boston: Academic Press.

Liang E Y, Dawadi B, Pederson N, et al. 2014. Is the growth of birch at the upper timberline in the Himalayas limited by moisture or by temperature? Ecology, 95(9): 2453-2465.

Liang E Y, Leuschner C, Dulamsuren C, et al. 2016a. Global warming-related tree growth decline and mortality on the north-eastern Tibetan plateau. Climatic Change, 134(1-2): 163-176.

Liang E Y, Shao X M, Kong Z C, et al. 2003. The extreme drought in the 1920s and its effect on tree growth deduced from tree ring analysis: a case study in North China. Annals of Forest Science, 60(2): 145-152.

Liang E Y, Shao X M, Xu Y. 2009. Tree-ring evidence of recent abnormal warming on the southeast Tibetan Plateau. Theoretical and Applied Climatology, 98(1-2): 9-18.

Liang E Y, Wang Y F, Eckstein D, et al. 2011. Little change in the fir tree-line position on the southeastern Tibetan Plateau after 200 years of warming. New Phytologist, 190(3): 760-769.

Liang E Y, Wang Y F, Piao S L, et al. 2016b. Species interactions slow warming-induced upward shifts of treelines on the Tibetan Plateau. Proceedings of the National Academy of Sciences of the United States of America, 113(16): 4380-4385.

Liang E Y, Wang Y F, Xu Y, et al. 2010. Growth variation in *Abies georgei* var. *smithii* along altitudinal gradients in the Sygera Mountains, southeastern Tibetan Plateau. Trees-Structure and Function, 24(2): 363-373.

Liang E, Lu X M, Ren P, et al. 2012. Annual increments of juniper dwarf shrubs above the tree line on the central Tibetan Plateau: a useful climatic proxy. Annals of Botany, 109(4): 721-728.

Liebig J. 1840. Organic Chemistry in Its Application to Vegetable Physiology and Agriculture. New York: Prentice Hall.

Liu H Y, Park Williams A, Allen C D, et al. 2013. Rapid warming accelerates tree growth decline in semi-arid forests of Inner Asia. Global Change Biology, 19(8): 2500-2510.

Liu X H, Qin D H, Shao X M, et al. 2005. Temperature variations recovered from tree-rings in the middle Qilian Mountain over the last millennium. Science in China Series D-Earth Sciences, 48(4): 521-529.

Liu Y, An Z S, Linderholm H W, et al. 2009. Annual temperatures during the last 2485 years in the mid-eastern Tibetan Plateau inferred from tree rings. Science in China Series D-Earth Sciences, 52(3): 348-359.

Liu Y, An Z S, Ma H Z, et al. 2006a. Precipitation variation in the northeastern Tibetan Plateau recorded by the tree rings since 850 AD and its relevance to the Northern Hemisphere temperature. Science in China Series D-Earth Sciences, 49(4): 408-420.

Liu Y, Yang Y K, Cai Q F, et al. 2006b. June to july runoff reconstruction for Huangshui River from tree ring width for the last 248 years. Journal of Arid Land Resources and Environment, 20(6): 69-73.

Liu Z F, Tian L D, Chai X R, et al. 2008. A model-based determination of spatial variation of precipitation $\delta^{18}O$ over China. Chemical Geology, 249(1-2): 203-212.

Lloret F, Keeling E G, Sala A. 2011. Components of tree resilience: effects of successive low-growth episodes in old ponderosa pine forests. Oikos, 120(12): 1909-1920.

Longo M, Knox R G, Levine N M, et al. 2018. Ecosystem heterogeneity and diversity mitigate Amazon forest resilience to frequent extreme droughts. The New Phytologist, 219: 845-847.

Lu X M, Huang R, Wang Y F, et al. 2016. Summer temperature drives radial growth of alpine shrub willows on the northeastern Tibetan Plateau. Arctic Antarctic and Alpine Research, 48(3): 461-468.

Lucash M S, Scheller R M, Gustafson E J, et al. 2017. Spatial resilience of forested landscapes under

climate change and management. Landscape Ecology, 32(5): 953-969.
Ludwig D, Walker B, Holling C S. 1997. Sustainability, stability, and resilience. Conservation Ecology, 1(1): 7.
Luo Y, Chen H Y. 2013. Observations from old forests underestimate climate change effects on tree mortality. Nature Communications, 4: 1655.
Luo Y, Chen H Y. 2015. Climate change-associated tree mortality increases without decreasing water availability. Ecology Letters, 18(11): 1207-1215.
Lusk C H, Smith B. 1998. Life history differences and tree species coexistence in an old-growth New Zealand rain forest. Ecology, 79(3): 795-806.
Lv L X, Zhang Q B. 2012. Asynchronous recruitment history of *Abies spectabilis* along an altitudinal gradient in the Mt. Everest region. Journal of Plant Ecology, 5(2): 147-156.
Lv L X, Zhang Q B. 2013. Tree-ring based summer minimum temperature reconstruction for the southern edge of the Qinghai-Tibetan Plateau, China. Climate Research, 56(2): 91-101.
Lyu L X, Deng X, Zhang Q B. 2016b. Elevation pattern in growth coherency on the southeastern Tibetan Plateau. PLoS One, 11(9): e0163201.
Lyu L X, Suvanto S, Nojd P, et al. 2017. Tree growth and its climate signal along latitudinal and altitudinal gradients: comparison of tree rings between Finland and the Tibetan Plateau. Biogeosciences, 14(12): 3083-3095.
Lyu L X, Zhang Q B, Deng X, et al. 2016a. Fine-scale distribution of treeline trees and the nurse plant facilitation on the eastern Tibetan Plateau. Ecological Indicators, 66: 251-258.
Lyu L X, Zhang Q B, Pellatt M G, et al. 2019. Drought limitation on tree growth at the Northern Hemisphere's highest tree line. Dendrochronologia, 53: 40-47.
Madrigal-Gonzalez J, Herrero A, Ruiz-Benito P, et al. 2017. Resilience to drought in a dry forest: Insights from demographic rates. Forest Ecology and Management, 389: 167-175.
McCarroll D, Loader N J. 2004. Stable isotopes in tree rings. Quaternary Science Reviews, 23(7): 771-801.
McDowell N G, Allen C D. 2015. Darcy's law predicts widespread forest mortality under climate warming. Nature Climate Change, 5(7): 669-672.
Mcdowell N, Pockman W T, Allen C D, et al. 2016. Mechanisms of plant survival and mortality during drought : why do some plants survive while others succumb to drought? New Phytologist, 178(4): 719-739.
McNulty S G, Boggs J L, Sun G. 2014. The rise of the mediocre forest: why chronically stressed trees may better survive extreme episodic climate variability. New Forests, 45(3): 403-415.
Melvin T M, Briffa K R. 2008. A "signal-free" approach to dendroclimatic standardisation. Dendrochronologia, 26(2): 71-86.
Michaelian M, Hogg E H, Hall R J, et al. 2011. Massive mortality of aspen following severe drought along the southern edge of the Canadian boreal forest. Global Change Biology, 17(6): 2084-2094.
Miehe G, Miehe S, Vogel J, et al. 2007. Highest treeline in the Northern hemisphere found in Southern Tibet. Mountain Research and Development, 27(2): 169-173.
Millar C I, Stephenson N L. 2015. Temperate forest health in an era of emerging megadisturbance. Science, 349(6250): 823-826.
Mokria M, Gebrekirstos A, Aynekulu E, et al. 2015. Tree dieback affects climate change mitigation potential of a dry afromontane forest in northern Ethiopia. Forest Ecology and Management, 344: 73-83.
Moore G W, Edgar C B, Vogel J G, et al. 2016. Tree mortality from an exceptional drought spanning

mesic to semiarid ecoregions. Ecological Applications, 26(2): 602-611.
Mori A S, Furukawa T, Sasaki T. 2013. Response diversity determines the resilience of ecosystems to environmental change. Biological Reviews, 88(2): 349-364.
Mou Y M, Fang O Y, Cheng X H, et al. 2018. Recent tree growth decline unprecedented in the past four centuries in a Tibetan juniper forest. Journal of Forestry Research, 30(4): 1429-1436.
Nie C Y, Zhang Q B, Lyu L X. 2017. Millennium-long tree-ring chronology reveals megadroughts on the Southeastern Tibetan Plateau. Tree-Ring Research, 73(1): 1-10.
Niu S, Luo Y, Li D, et al. 2014. Plant growth and mortality under climatic extremes: an overview. Environmental and Experimental Botany, 98: 13-19.
Nowacki G J, Abrams M D. 1997. Radial-growth averaging criteria for reconstructing disturbance histories from presettlement-origin oaks. Ecological Monographs, 67(2): 225-249.
Nyström M, Folke C. 2001. Spatial resilience of coral reefs. Ecosystems, 4(5): 406-417.
Odum E P. 1973. Principi di ecologia: Piccin editore.
Palmer W. 1965. Meteorological drought. Office of Climatology Research Paper 45, US.
Panthi S, Brauning A, Zhou Z K, et al. 2018. Growth response of *Abies georgei* to climate increases with elevation in the central Hengduan Mountains, southwestern China. Dendrochronologia, 47: 1-9.
Parker M, Henoch W. 1971. The use of Engelmann spruce latewood density for dendrochronological purposes. Canadian Journal of Forest Research, 1(2): 90-98.
Parker M, Meleskie K. 1970. Preparation of X-ray negatives of tree-ring specimens for dendrochronological analysis. Tree-ring Bull, 30: 1/4, 11-22.
Paulsen J, Weber U M, Körner C. 2000. Tree Growth near Treeline: Abrupt or Gradual Reduction with Altitude? Arctic, Antarctic, and Alpine Research, 32(1): 14-20.
Payette S, Filion L, Delwaide A. 1990. Disturbance regime of a cold temperate forest as deduced from tree-ring patterns: the Tantare Ecological Reserve, Quebec. Canadian Journal of Forest Research, 20(6): 607-608.
Peng C, Ma Z, Lei X, et al. 2011. A drought-induced pervasive increase in tree mortality across Canada's boreal forests. Nature Climate Change, 1(9): 467-471.
Pepin N, Bradley R S, Diaz H F, et al. 2015. Elevation-dependent warming in mountain regions of the world. Nature Climate Change, 5(5): 424-430.
Polge H. 1966. Établissement des courbes de variation de la densité du bois par exploration densitométrique de radiographies d'échantillons prélevés à la tarière sur des arbres vivants: applications dans les domaines Technologique et Physiologique. Pages I-206. *In:* Annales des sciences forestières. EDP Sciences.
Ponce Campos G E, Moran M S, Huete A, et al. 2013. Ecosystem resilience despite large-scale altered hydroclimatic conditions. Nature, 494(7437): 349-352.
Pott R, Hüppe J, Remy D, et al. 1995. Paläoökologische Untersuchungen zu holozänen Waldgrenzschwankungen im oberen Fimbertal (Val Fenga, Silvretta, Ostschweiz). Phytocoenologia, 25(3): 363-398.
Pregitzer K S, King J S, Burton A J, et al. 2000. Responses of tree fine roots to temperature. New Phytologist, 147(1): 105-115.
Qi Z, Liu H, Wu X, et al. 2015. Climate-driven speedup of alpine treeline forest growth in the Tianshan Mountains, Northwestern China. Global Change Biology, 21(2): 816-826.
Qin C, Yang B, Brauning A, et al. 2015. Drought signals in tree-ring stable oxygen isotope series of *Qilian juniper* from the arid northeastern Tibetan Plateau. Global and Planetary Change, 125: 48-59.

Ren P, Rossi S, Camarero J J, et al. 2018. Critical temperature and precipitation thresholds for the onset of xylogenesis of *Juniperus przewalskii* in a semi-arid area of the north-eastern Tibetan Plateau. Annals of Botany, 121(4): 617-624.

Ren P, Rossi S, Gricar J, et al. 2015. Is precipitation a trigger for the onset of xylogenesis in *Juniperus przewalskii* on the north-eastern Tibetan Plateau? Annals of Botany, 115(4): 629-639.

Reyer C P O, Rammig A, Brouwers N, et al. 2015. Forest resilience, tipping points and global change processes. Journal of Ecology, 103(1): 1-4.

Ruiz-Benito P, Ratcliffe S, Zavala M A, et al. 2017. Climate- and successional-related changes in functional composition of European forests are strongly driven by tree mortality. Global Change Biology, 23(10): 4162-4176.

Sakschewski B, von Bloh W, Boit A, et al. 2016. Resilience of Amazon forests emerges from plant trait diversity. Nature Climate Change, 6: 1032-1036.

Salzer M W, Hughes M K, Bunn A G, et al. 2009. Recent unprecedented tree-ring growth in bristlecone pine at the highest elevations and possible causes. Proceedings of the National Academy of Sciences of the United States of America, 106(48): 20348-20353.

Sano M, Dimri A P, Ramesh R, et al. 2017. Moisture source signals preserved in a 242-year tree-ring delta O-18 chronology in the western Himalaya. Global and Planetary Change, 157: 73-82.

Schulze E D, Lange O L, Oren R. 1989. Forest Decline and Air Pollution. Berlin: Springer-Verlag Berlin Heidelberg.

Schulze E D, Mooney H A, Dunn E L. 1967. Wintertime photosynthesis of Bristlecone pine (*Pinus Aristata*) in the White Mountains of California. Ecology, 48(6): 1044-1047.

Schwab N, Kaczka R J, Janecka K, et al. 2018. Climate change-induced shift of tree growth sensitivity at a central Himalayan treeline ecotone. Forests, 9(5): 267.

Schweingruber F H, Bräker O U, Schär E. 1979. Dendroclimatic studies on conifers from central Europe and Great Britain. Boreas, 8(4): 427-452.

Schweingruber F H, Fritts H C, Braker O U, et al. 1978. The X-ray technique as applied to dendroclimatology. Tree-ring Bulletin, 38: 61-91.

Schweingruber F H. 1988. Tree Rings-basics and Applications of Dendrochronology. Dordrecht: Kluwer Academic Publishers.

Schweingruber F H. 1996. Tree Rings and Environment: Dendroecology. Berne: Paul Haupt AG Bern.

Serra-Maluquer X, Mencuccini M, Martinez-Vilalta J. 2018. Changes in tree resistance, recovery and resilience across three successive extreme droughts in the northeast Iberian Peninsula. Oecologia, 8: 1-12.

Sexton J P, McIntyre P J, Angert A L, et al. 2009. Evolution and ecology of species range limits. Annual Review of Ecology, Evolution, and Systematics, 40: 415-436.

Shahmaghsood M, Fallahchai M M, Hemmati V, et al. 2013. Effect of dead trees on soil properties of natural populations of populous caspica the northern forests of Iran. Indian Journal of Fundamental and Applied Life Sciences, 3: 2231-6345.

Shao X M, Wang S Z, Zhu H F, et al. 2009. A 3585-year ring-width dating chronology of *Qilian juniper* from the northeastern Qinghai-Tibetan Plateau. Iawa Journal, 30(4): 379-394.

Shao X M, Xu Y, Yin Z Y, et al. 2010. Climatic implications of a 3585-year tree-ring width chronology from the northeastern Qinghai-Tibetan Plateau. Quaternary Science Reviews, 29(17-18): 2111-2122.

Shelford V E. 1931. Some concepts of bioecology. Ecology, 12(3): 455-467.

Shen M G, Piao S L, Jeong S J, et al. 2015. Evaporative cooling over the Tibetan Plateau induced by vegetation growth. Proceedings of the National Academy of Sciences of the United States of America, 112(30): 9299-9304.

Sheppard P R, Tarasov P E, Graumlich L J, et al. 2004. Annual precipitation since 515 BC reconstructed from living and fossil juniper growth of northeastern Qinghai Province, China. Climate Dynamics, 23(7-8): 869-881.

Shi C, Daux V, Zhang Q B, et al. 2012. Reconstruction of southeast Tibetan Plateau summer climate using tree ring delta O-18: moisture variability over the past two centuries. Climate of the Past, 8(1): 205-213.

Shi J F, Li J B, Zhang D D, et al. 2017. Two centuries of April-July temperature change in southeastern China and its influence on grain productivity. Science Bulletin, 62(1): 40-45.

Shi P L, Körner C, Hoch G. 2006. End of season carbon supply status of woody species near the treeline in western China. Basic and Applied Ecology, 7(4): 370-377.

Sigdel S R, Wang Y, Camarero J J, et al. 2018. Moisture-mediated responsiveness of treeline shifts to global warming in the Himalayas. Global Change Biology, 24(11): 5549-5559.

Silva L C R, Sun G, Zhu-Barker X, et al. 2016. Tree growth acceleration and expansion of alpine forests: The synergistic effect of atmospheric and edaphic change. Science Advances, 2(8): e1501302.

Singh V, Yadav R R, Gupta A K, et al. 2017. Tree ring drought records from Kishtwar, Jammu and Kashmir, northwest Himalaya, India. Quaternary International, 444: 53-64.

Smith W K, Germino M J, Hancock T E, et al. 2003. Another perspective on altitudinal limits of alpine timberlines. Tree Physiology, 23(16): 1101-1112.

Speer J H. 2010. Fundamentals of tree ring research. University of Arizona Press, 26(4): 453-455.

Stokes M A, Smiley T L. 1968. An Introduction to Tree-Ring Dating. Chicago: University of Chicago Press.

Stothers R B. 1984. The great Tambora eruption in 1815 and its aftermath. Science, 224(4654): 1191-1198.

Stueve K M, Cerney D L, Rochefort R M, et al. 2009. Post-fire tree establishment patterns at the alpine treeline ecotone: Mount Rainier National Park, Washington, USA. Journal of Vegetation Science, 20(1): 107-120.

Sun C F, Liu Y, Song H M, et al. 2018. Sunshine duration reconstruction in the southeastern Tibetan Plateau based on tree-ring width and its relationship to volcanic eruptions. Science of the Total Environment, 628: 707-714.

Szwagrzyk J, Szewczyk J. 2001. Tree mortality and effects of release from competition in an old-growth Fagus-Abies-Picea stand. Journal of Vegetation Science, 12(5): 621-626.

Tan L C, Cai Y J, An Z S, et al. 2017. Decreasing monsoon precipitation in southwest China during the last 240 years associated with the warming of tropical ocean. Climate Dynamics, 48(5-6): 1769-1778.

Thompson I, Mackey B, Mcnulty S, et al. 2009. Forest resilience, biodiversity, and climate change. A synthesis of the biodiversity/resilience/Stability relationship in forest ecosystems.

Thompson L G, Mosley-Thompson E, Brecher H, et al. 2012. Dunde ice core 1500-year $\delta^{18}O$, dust, anion, and accumulation data. National Centers for Environmental Information, NESDIS, NOAA, U. S. Department of Commerce.

Thompson L G, Yao T D, Mosley-Thompson E, et al. 2000. A high-resolution millennial record of the South Asian monsoon from Himalayan ice cores. Science, 289(5486): 1916-1919.

Tian L, Masson-Delmotte V, Stievenard M, et al. 2001. Tibetan Plateau summer monsoon northward extent revealed by measurements of water stable isotopes. Journal of Geophysical Research:

Atmospheres, 106(D22): 28081-28088.

Tian Q Y, He Z B, Xiao S C, et al. 2017. Response of stem radial growth of *Qinghai spruce* (*Picea crassifolia*) to environmental factors in the Qilian Mountains of China. Dendrochronologia, 44: 76-83.

Tranquillini W. 1979. Physiological Ecology of the Alpine Treeline. Berlin: Springer.

Trumbore S, Brando P, Hartmann H. 2015. Forest health and global change. Science, 349(6250): 814-818.

van de Koppel J, Rietkerk M. 2004. Spatial interactions and resilience in arid ecosystems. The American Naturalist, 163(1): 113-121.

van Mantgem P J, Stephenson N L, Byrne J C, et al. 2009. Widespread increase of tree mortality rates in the western United States. Science, 323(5913): 521-524.

Vitali V, Buntgen U, Bauhus J. 2017. Silver fir and Douglas fir are more tolerant to extreme droughts than Norway spruce in south-western Germany. Global Change Biology, 23(12): 5108-5119.

Walker B, Holling C S, Carpenter S, et al. 2004. Resilience, adaptability and transformability in social-ecological systems. Ecology and Society, 9(2): 5.

Wang B, Bao Q, Hoskins B J, et al. 2008a. Tibetan Plateau warming and precipitation changes in East Asia. Geophysical Research Letters, 35(14): 63-72.

Wang B, Chen T, Xu G B, et al. 2017. Reconstructed annual mean temperatures for the northeastern margin of the Tibetan Plateau: associations with the East Asian monsoons and volcanic events. International Journal of Climatology, 37(6): 3044-3056.

Wang J L, Yang B, Qin C, et al. 2014. Tree-ring inferred annual mean temperature variations on the southeastern Tibetan Plateau during the last millennium and their relationships with the Atlantic Multidecadal Oscillation. Climate Dynamics, 43(3-4): 627-640.

Wang L, Duan J P, Chen J, et al. 2010. Temperature reconstruction from tree-ring maximum density of *Balfour spruce* in eastern Tibet, China. International Journal of Climatology, 30(7): 972-979.

Wang S Z, Shao X M, Xu X G, et al. 2008b. Dating of tombs in Delingha, Qinghai Province, China, on the basis of a 2332-year tree-ring jumper chronology (*Sabina przewalskii* Kom) (1575 BC-756 AD). Dendrochronologia, 26(1): 35-41.

Wang T, Zhang Q B, Ma K P. 2006. Treeline dynamics in relation to climatic variability in the central Tianshan Mountains, northwestern China. Global Ecology and Biogeography, 15(4): 406-415.

Wang X C, Zhang Q B, Ma K P, et al. 2008c. A tree-ring record of 500-year dry-wet changes in northern Tibet, China. Holocene, 18(4): 579-588.

Wang Y F, Liang E Y, Ellison A M, et al. 2015. Facilitation stabilizes moisture-controlled alpine juniper shrublines in the central Tibetan Plateau. Global and Planetary Change, 132: 20-30.

Wang Y, Pederson N, Ellison A M, et al. 2016. Increased stem density and competition may diminish the positive effects of warming at alpine treeline. Ecology, 97(7): 1668-1679.

Wang Y, Zhang Y, Fang O Y, et al. 2018. Long-term changes in the tree radial growth and intrinsic water-use efficiency of *Chuanxi spruce* (*Picea likiangensis* var. *balfouriana*) in southwestern China. Journal of Geographical Sciences, 28(6): 833-844.

Wardle P. 1974. Alpine timberline. *In*: Ives J D, Barry R G. Arctic and Alpine Environment. London, Colchester, Beccles: William Clowes & Sons Ltd: 371-402.

Waring R H, Gao L L. 2016. Recent reduction in the frequency of frost accounts for most of the increased growth of a high elevation spruce forest in northwestern China. Trees-Structure and Function, 30(4): 1225-1236.

Wernicke J, Hochreuther P, Griessinger J, et al. 2017. Air mass origin signals in delta O-18 of tree-ring cellulose revealed by back-trajectory modeling at the monsoonal Tibetan plateau.

International Journal of Biometeorology, 61(6): 1109-1124.

Wieser G. 2012. Lessons from the timberline ecotone in the Central Tyrolean Alps: a review. Plant Ecology and Diversity, 5(1): 127-139.

Wigley T M L, Briffa K R, Jones P D. 1984. On the average value of correlated time series, with applications in dendroclimatology and hydrometeorology. Journal of Climate and Applied Meteorology, 23(2): 201-213.

Williams A P, Allen C D, Macalady A K, et al. 2013. Temperature as a potent driver of regional forest drought stress and tree mortality. Nature Climate Change, 3(3): 292-297.

Williams A P, Seager R, Berkelhammer M, et al. 2014. Causes and implications of extreme atmospheric moisture demand during the record-breaking 2011 wildfire season in the Southwestern United States. Journal of Applied Meteorology and Climatology, 53(12): 2671-2684.

Wilmking M, Singh J. 2008. Eliminating the "divergence problem" at Alaska's northern treeline. Climate of the Past Discussions, 4(3): 741-759.

Wu X C, Liu H Y, Li X Y, et al. 2017. Differentiating drought legacy effects on vegetation growth over the temperate Northern Hemisphere. Global Change Biology, 24: 504-516.

Xiao D M, Shao X M, Qin N S, et al. 2017. Tree-ring-based reconstruction of streamflow for the Zaqu River in the Lancang River source region, China, over the past 419 years. International Journal of Biometeorology, 61(7): 1173-1189.

Xing P, Zhang Q B, Lv L X. 2014. Absence of late-summer warming trend over the past two and half centuries on the eastern Tibetan Plateau. Global and Planetary Change, 123: 27-35.

Xu C X, Sano M, Dimri A P, et al. 2018. Decreasing Indian summer monsoon on the northern Indian sub-continent during the last 180 years: evidence from five tree-ring cellulose oxygen isotope chronologies. Climate of the Past, 14(5): 653-664.

Xu C X, Shao X M, An W L, et al. 2017b. Negligible local-factor influences on tree ring cellulose delta O-18 of *Qilian juniper* in the Animaqing Mountains of the eastern Tibetan Plateau. Tellus Series B-Chemical and Physical Meteorology, 69: 1391663.

Xu C Y, Liu H Y, Anenkhonov O A, et al. 2016. Long-term forest resilience to climate change indicated by mortality, regeneration, and growth in semiarid southern Siberia. Global Change Biology, 23(6): 2370-2382.

Xu C, Zhu H, Nakatsuka T, et al. 2017a. Sampling strategy and climatic implication of tree-ring cellulose oxygen isotopes of *Hippophae tibetana* and *Abies georgei* on the southeastern Tibetan Plateau. International Journal of Biometeorology, s(1-4): 1-8.

Yadava A K, Brauning A, Singh J, et al. 2016. Boreal spring precipitation variability in the cold arid western Himalaya during the last millennium, regional linkages, and socio-economic implications. Quaternary Science Reviews, 144: 28-43.

Yang B, He M H, Melvin T M, et al. 2013. Climate control on tree growth at the upper and lower treelines: A case study in the Qilian Mountains, Tibetan Plateau. PLoS One, 8(7): 369065.

Yang B, He M H, Shishov V, et al. 2017a. New perspective on spring vegetation phenology and global climate change based on Tibetan Plateau tree-ring data. Proceedings of the National Academy of Sciences of the United States of America, 114(27): 6966-6971.

Yang B, Qin C, Wang J L, et al. 2014a. A 3, 500-year tree-ring record of annual precipitation on the northeastern Tibetan Plateau. Proceedings of the National Academy of Sciences of the United States of America, 111(8): 2903-2908.

Yang B, Sonechkin D M, Datsenko N M, et al. 2017b. Establishment of a 4650-year-long eigenvalue chronology based on tree-ring cores from *Qilian junipers* (*Juniperus przewalskii* Kom.) in Western China. Dendrochronologia, 46: 56-66.

Yang L, Miki N, Matsuo N, et al. 2014b. Contribution of adventitious roots to water use strategy of *Juniperus sabina* in a semiarid area of China. Journal of Agricultural Science and Technology, 3: 251-259.

Yao T, Thompson L G, Mosbrugger V, et al. 2012. Third pole environment (TPE). Environmental Development, 3: 52-64.

Yin H, Liu H B, Linderholm H W, et al. 2015. Tree ring density-based warm-season temperature reconstruction since AD 1610 in the eastern Tibetan Plateau. Palaeogeography Palaeocllmatology Palaeoecology, 426: 112-120.

Yin J, Bauerle T L. 2017. A global analysis of plant recovery performance from water stress. Oikos, 126(10): 1377-1388.

Yin Z Y, Zhu H F, Huang L, et al. 2016. Reconstruction of biological drought conditions during the past 2847 years in an alpine environment of the northeastern Tibetan Plateau, China, and possible linkages to solar forcing. Global and Planetary Change, 143: 214-227.

Young D J N, Stevens J T, Earles J M, et al. 2016. Long - term climate and competition explain forest mortality patterns under extreme drought. Ecology Letters, 20: 78-86.

Zeng X M, Liu X H, Evans M N, et al. 2016. Seasonal incursion of Indian Monsoon humidity and precipitation into the southeastern Qinghai-Tibetan Plateau inferred from tree ring delta O-18 values with intra-seasonal resolution. Earth and Planetary Science Letters, 443: 9-19.

Zeng X M, Liu X H, Treydte K, et al. 2017. Climate signals in tree-ring delta O-18 and delta C-13 from southeastern Tibet: insights from observations and forward modelling of intra- to interdecadal variability. New Phytologist, 216(4): 1104-1118.

Zhang L N, Jiang Y, Zhao S D, et al. 2017a. Lingering response of radial growth of Picea crassifolia to climate at different altitudes in the Qilian Mountains, Northwest China. Trees-Structure and Function, 31(2): 455-465.

Zhang L N, Jiang Y, Zhao S D, et al. 2018. Relationships between tree age and climate sensitivity of radial growth in different drought conditions of Qilian Mountains, Northwestern China. Forests, 9(3): 135.

Zhang Q B, Cheng G D, Yao T D, et al. 2003. A 2, 326-year tree-ring record of climate variability on the northeastern Qinghai-Tibetan Plateau. Geophysical Research Letters, 30(14): 4.

Zhang Q B, Evans M N, Lyu L X. 2015. Moisture dipole over the Tibetan Plateau during the past five and a half centuries. Nature Communications, 6: 8062.

Zhang Q B, Qiu H. 2007. A millennium-long tree-ring chronology of *Sabina przewalskii* on northeastern Qinghai-Tibetan Plateau. Dendrochronologia, 24(2): 91-95.

Zhang X L, Zou F H, Chen Z J. 2017b. Climate-induced tree growth variations under the RCP 2.6 scenario: A case study on the southeastern Tibetan Plateau. Forests, 8(10): 359.

Zhang Y X, Wilmking M. 2010. Divergent growth responses and increasing temperature limitation of *Qinghai spruce* growth along an elevation gradient at the northeast Tibet Plateau. Forest Ecology and Management, 260(6): 1076-1082.

Zhang Y, Yin D, Sun M, et al. 2017c. Variations of climate-growth response of major conifers at upper distributional limits in Shika Snow Mountain, Northwestern Yunnan Plateau, China. Forests, 8(10): 377.

Zhou F F, Fang K Y, Zhang F, et al. 2016. Climate-driven synchronized growth of alpine trees in the southeast Tibetan Plateau. PLoS One, 11(6): e0156126.